世界闻名的 80 海洋生物

SHIJIE WENMING DE
80 HAIYANG SHENGWU

武鹏程
编著

图说海洋
TUSHUO HAIYANG
世界之大，无奇不有
世界之奇，尽在海洋

海洋出版社
北京

图书在版编目(CIP)数据

世界闻名的80海洋生物 / 武鹏程编著. — 北京：海洋出版社，2025.1. — ISBN 978-7-5210-1392-4

Ⅰ．Q178.53-49

中国国家版本馆CIP数据核字第20246BE225号

图说海洋

世界闻名的 80海洋生物

SHIJIE WENMING DE
80 HAIYANG SHENGWU

总 策 划：刘 斌	总 编 室：(010) 62100034
责任编辑：刘 斌	网 址：www.oceanpress.com.cn
责任印制：安 淼	承 印：侨友印刷（河北）有限公司
排 版：申 彪	版 次：2025年1月第1版
出版发行：海洋出版社	2025年1月第1次印刷
地 址：北京市海淀区大慧寺路8号	开 本：787mm×1092mm 1/16
100081	印 张：10
经 销：新华书店	字 数：180千字
发 行 部：(010) 62100090	定 价：59.00元

本书如有印、装质量问题可与发行部调换

前 言

海洋中哪种生物最毒？是能毒死 45 000 只小老鼠的绣花脊熟若蟹，还是一口毒液可致上千人死亡的贝尔彻海蛇？抑或是有"孤独的毒物"之称的蓝环章鱼？

海洋美丽又充满了危险，芋螺、箱水母、短鼻剑尾海蛇、等指海葵、纽扣珊瑚、僧帽水母，这些海洋毒物都有自己独特的毒功，人类被它们攻击了也常会危及生命，让人觉得十分可怖！

海洋又是包容的，除了毒物，海洋中还有许多萌萌哒的生物，这里有"电影中走出的萌物"小丑鱼、"伪装大师"草海龙、"皮卡丘海参"太平洋多角海蛞蝓、"深海甜心"梦海鼠、"会毒死自己的怪鱼"角箱鲀等，这些海洋生物蠢萌的样子让人心醉！

至于像"冰海天使"裸海蝶、"大西洋海神"蓝龙和"漂亮的伪装者"火烈鸟舌蜗牛这些奇异、魅惑的海洋生物，让人不由得惊叹海洋的美丽！而"丑成一坨"的水滴鱼、有着超级大嘴的勃氏新热鳚、嘴抹口红的红唇蝙蝠鱼等，这些丑得让人心碎的海洋生物则让人感叹造物主的恶作剧。

海洋中还有许多神奇的生物，如"地球上体积最大的动物"蓝鲸、"速度最快的吃人鲨鱼"灰鲭鲨、"海洋霸主"大白鲨、"永生不死"的灯塔水母、能够"起死回生"的水熊等，这些神奇的海洋生物装点了海洋，让海洋显得如此的神秘，也让人们更加好奇，在广袤深邃的海洋中，到底还有多少人类没有认知的存在？

目 录

Chapter 1
别碰我，我很毒——有剧毒的海洋生物

蓝环章鱼 / 2
——孤独的毒物
绣花脊熟若蟹 / 4
——蟹中毒王
贝尔彻海蛇 / 5
——一口毒液可致上千人死亡
石头鱼 / 6
——石头有毒
芋螺 / 9
——剧毒"鸡心"
箱水母 / 11
——三分钟杀手
河豚 / 13
——美味的毒物
短鼻剑尾海蛇 / 16
——悄无声息的杀手
等指海葵 / 17
——没脑子的毒物
纽扣珊瑚 / 18
——美丽的毒"纽扣"
僧帽水母 / 20
——世界上最毒的水母

Chapter 2
我们都要萌萌哒——蠢萌的海洋生物

小丑鱼 / 23
——电影中走出的萌物
海马 / 27
——海洋奶爸
鳐鱼 / 28
——笑脸鱼
灯泡海鞘 / 30
——绚丽的海底萌物
海兔 / 31
——蠢萌海兔
叶羊 / 35
——海底光合作用萌物
草海龙 / 37
——伪装大师
梦海鼠 / 39
——深海甜心
小飞象章鱼 / 40
——最萌章鱼
太平洋多角海蛞蝓 / 41
——皮卡丘海参
宽吻海豚 / 42
——最聪明的哺乳动物

角箱鲀 / 45
——会毒死自己的怪鱼
七鳃鳗 / 46
——珍奇的鱼祖宗
独角鲸 / 49
——长在脑门上的牙齿
玻璃乌贼 / 51
——神奇隐身术
吸血鬼乌贼 / 52
——不吸血的吸血鬼
鲎 / 53
——拯救人类的蓝血生物
炉管海绵 / 56
——真实版本的"饼干怪兽"
开口鲨 / 57
——海洋"鳝鱼"
筐蛇尾 / 58
——美杜莎的头发
蝰鱼 / 60
——长相意外的深海鱼

目 录

Chapter 3
丑得让人心碎——长相丑陋的海洋生物

水滴鱼 / 62
——丑成一坨

斧头鱼 / 65
——会飞的鱼

鮟鱇 / 66
——世界上最丑的鱼

尖牙鱼 / 69
——长相恐怖

精灵鲨 / 70
——巫婆的长鼻子

勃氏新热鳚 / 72
——超级大嘴

海猪 / 73
——圆滚滚、肥嘟嘟

无脸鱼 / 74
——这个家伙有点丑

红唇蝙蝠鱼 / 76
——行走的性感妖精

Chapter 4
奇幻魅影——长相奇特的海洋生物

裸海蝶 / 79
——冰海天使

蓝龙 / 80
——大西洋海神

圣诞树蠕虫 / 82
——海洋圣诞树

气泡珊瑚 / 83
——最美珊瑚

丁香水螅体 / 85
——令人惊艳的海底生物

火烈鸟舌蜗牛 / 86
——漂亮的伪装者

蟠虎螺 / 87
——海洋蝴蝶

栉水母 / 88
——流光溢彩

桶眼鱼 / 90
——构造奇特

樽海鞘 / 92
——地球的清碳卫士

彩带鳗鱼 / 93
——天生舞蹈家

比目鱼 / 94
——海底变色龙

蓝鹦嘴鱼 / 96
——沙滩建造者

狮子鱼 / 97
——美丽的陷阱

枪虾 / 100
——玩枪的高手

Chapter 5

说到大，我自己都害怕——种类体型最大的海洋生物

蓝鲸 / 104
——地球上体积最大的动物
帝企鹅 / 107
——最大的企鹅
鲸鲨 / 110
——温柔的海洋巨人
皇带鱼 / 113
——世界上最长的硬骨鱼类
巨螯蟹 / 116
——海洋中最大的螃蟹
大王酸浆鱿 / 118
——世界上最大的无脊椎动物

鬼蝠鲼 / 120
——最大的鳐鱼
姥鲨 / 121
——鲨中大嘴王

目录

Chapter 6

动物凶猛——性情凶猛的海洋生物

虎鲸 / 125
——没有天敌
灰鲭鲨 / 128
——速度最快的吃人鲨鱼
太平洋巨型章鱼 / 130
——满身奇技
大白鲨 / 132
——海洋霸主
狮鬃水母 / 135
——凶狠的杀人网
螳螂虾 / 136
——最凶残的虾类

Chapter 7 命运无常——生命无常的海洋生物

灯塔水母 / 138
——永生不死
南极洲海绵 / 140
——极寒之地的长寿者
管状蠕虫 / 141
——华美的生物
海洋圆蛤 / 142
——年轮生物

北极露脊鲸 / 144
——寿命最长的哺乳动物
水熊 / 147
——起死回生
格陵兰睡鲨 / 149
——最长寿的脊椎动物
小虾虎鱼 / 151
——一生只有8周的短命鬼

Chapter 1
别碰我，我很毒
——有剧毒的海洋生物

Don't Touch Me. I'm Very Poisonous

蓝环章鱼

孤/独/的/毒/物

动物们要想在自然界中生存下来，个个都有了不起的保命功夫，用毒的动物有很多，而蓝环章鱼以其剧毒荣登"毒榜"魁首。

❋ [蓝环章鱼]

蓝环章鱼是一种很小的章鱼，臂跨不超过15厘米。主要栖息在日本与澳大利亚之间的太平洋海域中。蓝环章鱼属于剧毒生物之一，被这种小章鱼咬上一口就可能中毒死亡，目前人类还无法化解来自蓝环章鱼体内的毒素。被蓝环章鱼咬后应第一时间按住伤口并对伤者进行人工呼吸，人工呼吸的急救必须持续，直到伤者恢复到能够自行呼吸的状态为止，而这往往需要数小时之久，直到毒素浓度因身体代谢而降低，成功撑过24小时的伤者，多半能够完全康复。

蓝环章鱼个性害羞，喜爱躲藏在石头下，晚上才出来活动和觅食，可谓"毒"与"独"兼备。

❋ 蓝环章鱼在国外久负盛名，在《恐惧之邦》这部小说里，蓝环章鱼被称为"死亡蓝环"，并被反派角色当作瘫痪目标的武器使用。

鲜艳的蓝环

蓝环章鱼因为身体上鲜艳的蓝环而得名。遇到危险时，其身上和爪上深色

[蓝环章鱼纪念币]

[蓝环章鱼]

别碰我，我很毒

的环就会发出耀眼的蓝光，向对方发出警告信号。

蓝环章鱼不会主动攻击人类，除非它们受到很大的威胁。大多数对人类的攻击发生在将蓝环章鱼从水中提起来或被踩到的时候。人被它蜇刺后几乎没有疼痛感，1个小时后，毒性才开始发作。另一种头足纲动物——火焰乌贼也能制造与蓝环章鱼相似的毒素。

最毒的海洋生物之一

蓝环章鱼的毒素是一种毒性很强的神经毒素，它对具有神经系统的生物是非常致命的，其中包括我们人类。当生物被蓝环章鱼攻击后，毒素在被攻击对象体内干扰其自身的神经系统，造成神经系统紊乱，这种神经系统的紊乱往往是致命的。

蓝环章鱼是已知毒性最猛烈的有毒动物之一，它体内的毒液可在发作后数分钟内置人于死地。尽管体型相当小，一只蓝环章鱼所携带的毒素却足以在数分钟内一次杀死26名成年人，而目前还没有有效的抗毒素来预防它。蓝环章鱼的毒液能阻止血凝，使伤口大量出血，且感觉刺痛，伤者会全身发烧，虽然神志清醒，却不能交流，呼吸困难，重者致死，轻者也需治疗三四周才能恢复健康。

强大的神经系统

蓝环章鱼的神经细胞已经分化——它们就像电话线一样，组成了网络，它们能使生物电脉冲沿着神经细胞传递信息，并将信息迅速传递到身体的任何部位。

[《海贼王》中的蓝环章鱼杀手形象]
《海贼王》中的海贼团杀手豹藏，是个外表像醉汉的剑士，其真身是蓝环章鱼人鱼。

有剧毒的海洋生物 | 3

绣花脊熟若蟹

蟹/中/毒/王

> 绣花脊熟若蟹是已知最毒的螃蟹，生活在不同海域的绣花脊熟若蟹体内所含的毒也不一样，但都对人类有极大威胁。

绣花脊熟若蟹的背部有鲜艳的红白相间的网格状花纹，类似马赛克，故其英文名又称为马赛克蟹（mosaic crab）。

绣花脊熟若蟹常生活于低潮线至水深30米的岩石底或珊瑚礁丛中。主要分布在我国台湾、东南亚各国、南太平洋群岛、澳洲、日本等地岩礁岸。

绣花脊熟若蟹体长约4厘米，宽度约有8厘米，别看它们体型小小的，它们是已知的最毒的螃蟹。

生活在不同海域的绣花脊熟若蟹体内所含的毒素不太相同，比如生活在我国台湾海域的绣花脊熟若蟹含有河豚毒；而生活在新加坡海域的绣花脊熟若蟹含有海葵毒，毒素虽不同，但剧毒程度却相似。

根据实验得知：一只成年绣花脊熟若蟹所含毒素能将45 000只小老鼠毒死，对于这样的"毒物"，我们还是敬而远之比较好。

[绣花脊熟若蟹]

[邮票上的绣花脊熟若蟹]

贝尔彻海蛇

一/口/毒/液/可/致/上/千/人/死/亡

> 贝尔彻海蛇一度被认为是世界上最毒的蛇类之一，它释放的毒液能在短短数秒内让猎物瘫痪并最终走向死亡。

别碰我，我很毒

[贝尔彻海蛇]

贝尔彻海蛇的毒牙功效不强，所能分泌的毒液量不多，但其毒性剧烈，致死量为0.013毫克，按单位容量毒液毒性来讲，其毒性是眼镜蛇的200倍，其毒液含有神经毒素、肌肉毒素和各种酶类，毒性稳定，在100℃下经过5分钟处理后仍保持毒性，在酸、碱环境下同样如此。

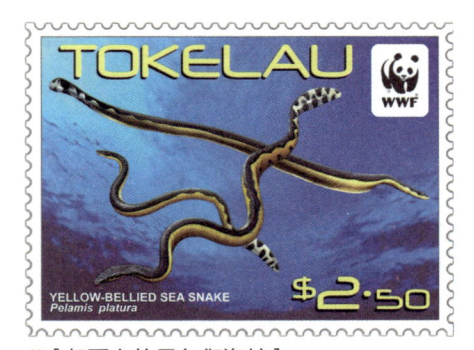

[邮票上的贝尔彻海蛇]

贝尔彻海蛇主要分布于印度洋海域，包括菲律宾群岛、新几内亚、泰国海岸、所罗门群岛、澳大利亚北部海域，在帝汶海的亚什摩及卡地尔群岛一带居多。贝尔彻海蛇体色呈灰色，背面约有60道深色横纹，中段背鳞34行，可达1米左右，以鱼类为食。

贝尔彻海蛇在没受到攻击时，不会主动攻击他人，但是一旦它张口，几毫克的毒液就能够使上千人毙命，而且目前尚无血清可以解毒，绝对能在世界十大毒蛇之中称霸。

> 关于谁是世界上最毒的蛇，如今有许多争议，有的说是贝尔彻海蛇，有的说是裂颊海蛇，还有的说光滑剑尾海蛇和黑环海蛇的毒性要比贝尔彻海蛇的更强，种种说法，不一而定。

有剧毒的海洋生物 | 5

[石头鱼]

石头鱼

石/头/有/毒

石头鱼的学名是玫瑰毒鲉，这是因为它像玫瑰花一样长有刺且有毒。它的"致命一刺"被描述为给予人类的最大的刺痛。

石头鱼其貌不扬，身长也就30厘米左右，它的眼睛很特别，长在背部，而且特别小，厚圆的身体隐隐露出石头状的斑纹，鱼鳍呈灰石色，嘴巴像新月。人们第一眼看到它会觉得它们的皮肤有点像蟾蜍的皮肤，而且石头鱼是没有鱼鳞的，圆鼓鼓的鱼腹白里泛红。主要分布在菲律宾、印度、日本和澳大利亚，国内则盛产于台湾、江南一带。

美丽的传说：女娲娘娘遗落的小彩石

传说上古时代，天空出现了一个大洞，女娲娘娘伤心的泪水滴落在土地上，竟变成了五彩斑斓的彩石。女娲娘娘便把这些彩石带到天上补天。可是，女娲娘娘忙着补天，有一块彩石掉进了大海。天被补好了，可那块小彩石却依旧在等着女娲娘娘，彩石等啊等啊，这一等就是几千年。后来，这小彩石便成了海底的精灵，变成了长相如同彩色礁石一样的"石头鱼"。

6 | 有剧毒的海洋生物

[石头鱼]

别碰我，我很毒

体色随环境不同而复杂多变

石头鱼能像变色龙一样通过伪装来蒙蔽敌人，从而使自己得以生存，其体色通常以土黄色和橘黄色为主。石头鱼常躲在海底或岩礁下，将自己伪装成一块不起眼的石头，即使人站在它的身旁，它也一动不动，让人发现不了。如果有人不留意踩着了它，它就会毫不客气地立即反击，向外发射出致命剧毒，它的背脊上那12～14根像针一样锐利的背刺会轻而易举地穿透鞋底刺入人的脚掌，使人很快中毒并一直处于剧烈的疼痛中，直至死亡。

[邮票上的石头鱼]

※ 石头鱼新鲜也可以食用，只需要将它背脊上含有毒液的毒刺去除即可。但是在处理时一定要小心，千万别让毒刺刺进皮肤。

美丽的传说：碎石化成的鱼

※ 传说在远古时代，百义部落与轩辕黄帝在马良镇一带发生了激烈的争战，一个用水攻，一个用石挡，打得难解难分。双方的争战造成河流堵塞，洪水泛滥，大片良田被淹，百姓怨声载道。此事惊动了天上的玉皇大帝，玉皇大帝大怒，于是降旨派雷神劈山炸石，疏凿河道。雷鸣电闪之际，山石如暴雨倾洒江中，碎石一掉进水里竟都化为游鱼，百姓捕食充饥，因此人们管这种鱼叫石头鱼。

有剧毒的海洋生物 | 7

❋ [石头鱼豆腐汤]

石头鱼可清炖和清蒸。清炖后的石头鱼能保留最大的鲜度，汤头喝起来格外鲜美，但清炖比较费时，鱼汤要熬出胶质要好几个小时，所以家常的做法还是清蒸为主。石头鱼皮很厚，适宜皮和肉分开蒸，去除表皮后，用果皮清蒸。蒸好后呈半透明啫喱状，很滑，口味很好，但略带甘苦味，不是每一个人都喜欢。石头鱼肉清蒸后，颜色很白，很鲜，很滑。除主骨外，没有其他骨刺，肉厚且多肉。

等待猎物的到来

石头鱼的捕食方法很有趣，它不主动攻击猎物，经常以守株待兔的方式等待猎物的到来。当猎物靠近它时，它的硬棘（背鳍棘基部的毒腺有神经毒）具有致命的剧毒，会导致猎物瘫痪甚至死亡。

药用效果极佳的美食佳肴

石头鱼虽然丑陋，但却肉质鲜嫩，没有细刺，营养价值很高，有生津、润肺的药用功效，皮肤不好的人吃了，还能起到美容的作用。

石头鱼的鱼鳔晒干后，加工成鱼肚用来氽汤，入口爽滑，为席上珍肴，可与上等的鱼翅、燕窝媲美。

❋ 明代医药学家李时珍撰写的《本草纲目》中说石头鱼能够治疗筋骨痛，有温中补虚的功效。

❋ 据记载，1880年，清朝李鸿章还曾派专员远赴马良镇采办石头鱼，作为宴请各国驻华使节及外交官员的席上珍品。

❋ 海蛇与石头鱼，谁的毒性更厉害？现在有了真实版本的现场PK。
一名渔民出海捕鱼时，发现一条海蛇咬住了一条石头鱼，而石头鱼也咬住海蛇不放，在纠结谁的毒性更强时，不幸的是，双方都被对方毒死了。

❋ 石头鱼的毒液在它们背脊上的毒刺中，处理它们的时候一定要小心，先将毒刺剪掉再进行后续处理。

❋ 如不幸中了石头鱼毒，最好是从速送往医院急救。有些渔民会采用古法医疗，他们会携带叫作"还魂草"的药料以备急需；又或用俗称作"石拐"的"禾捍草"，以樟木煎水浸熨敷治。

8 | 有剧毒的海洋生物

芋螺

剧 / 毒 / "鸡 / 心"

芋螺又叫"鸡心螺",因其外壳前方尖瘦、后端粗大,形状像鸡的心脏或芋头而得名,主要生长于热带海域,多生活在暖海。

别碰我,我很毒

[芋螺]

碧海蓝天,柔软沙滩,是许多人喜欢去的地方,但如果要去一些热带海域时,一定要小心了,这里有些剧毒海螺,一言不合就会向人下毒。

它在哪?

芋螺主要生活在热带海域,在我国多见于南方,如福建、广东及台湾地区,它们喜欢待在珊瑚礁、岩石和沙质海底。

❋ 科学家在芋螺的毒素内发现了100多种化合物,其中就有阻断神经系统传递信息的化合物,这种化合物使得生物体在死亡时因为神经系统无法传递信息,而没有任何感觉。

❋ 芋螺的齿舌每使用一次,就会断一次,经过一段时间后才会再长出来。壳口狭窄的芋螺毒性较低,壳口越宽广毒性也就越强。

[邮票上的芋螺]

有剧毒的海洋生物 | 9

[芋螺伸出的触角]

它吃什么？

芋螺是肉食动物，通常捕食海里的蠕虫、小鱼及其他软体动物。它们行动缓慢，所以在捕食时，不会主动出击，而是"守株待兔"。

芋螺身体尖端部分的开口处隐藏着一种既是舌头又是牙齿的"鱼叉"，当有猎物靠近时，它就将装满毒液的"鱼叉"从喙里射出去，猎物被击中后会瞬间麻痹，芋螺就会收起"鱼叉"，将被制伏的猎物拖入口中。

不到1秒的毒素入侵

芋螺拥有灵活的"注射器"，一端连接体内生产毒素的囊，能够在几秒钟之内，通过接触迅速将毒素注射到猎物体内。一旦中了芋螺的毒素之后，不到1秒的时间，毒素就会接管猎物的神经系统，并将毒素持续入侵到猎物体内。

在剧毒作用下，猎物的肌肉开始痉挛，在持续的攻击下，神经与肌肉系统的作用彻底失去，猎物就成了芋螺的盘中餐。

芋螺的毒性极强，一只芋螺的毒素足以杀死10个成年人。如果被芋螺刺伤，轻则产生剧烈疼痛，受伤部位溃烂；重则致使心脏停搏，会有生命危险。由于芋螺有着美丽的外表，因此经常被游客捡拾，最后酿成悲剧，所以在海滩游玩时一定要小心。

❋ 科学家研究发现芋螺的毒素对于鱼类而言是坏消息，却是糖尿病患者的福音。新的研究表明，这种海洋生物产生的"武器化胰岛素"经过提炼后，相比于传统的药物对于高血糖治疗更加有效。

❋ 有一种芋螺叫"雪茄螺"，意思是被它蜇后一般就只剩下抽支雪茄的时间来抢救了。

箱水母

三/分/钟/杀/手

箱水母是一种生活在澳大利亚、新几内亚北部、菲律宾和越南的水母。它们在世界上造成了无数对人体的伤害或死亡事件，被认为是最致命的水母。

箱水母是地球上已知的对人毒性最强的生物之一，又名海黄蜂，也属于最早进化出眼睛的第一批动物。

能看到360度的范围

箱水母有24只眼睛，分布在管状身体顶端的杯状体上，这些眼睛分为4种不同类型，最原始的一种只能感知光的强弱，但有一种眼睛则更精巧复杂，能像人眼一样感知色彩和物体的大小。这些眼睛的分布能让它几乎看到360度范围的周围环境。

长满毒刺细胞

箱水母中最具代表性的水母是澳大利亚箱水母。澳大利亚箱水母是一种淡蓝色的透明水母，形状像个箱子，有4个明显的侧面，每个面都有20厘米长，是世界最毒的动物之一，主要生活在澳大利亚东北沿海水域，经常漂浮在昆士兰海岸的浅海水域。这种水母大约只有40厘米长，有60条3米长的触须，每条触须上生长着数千个储存毒液的刺细胞，这些刺细胞所释出的毒性比眼镜蛇还要

❈ [箱水母]

箱水母是由凝胶状物质组成的，这有助于它更好地融入水环境。在水里，这种物质主要具有抗压作用，动物们靠它才能在深海的高压环境下生存，凝胶状物质还有足够的浮力，能让它们在水中轻松漂浮。这种物质是没有生命的，因此透明动物不需要太多能量，只要很少食物就能存活下来。

❈ 瑞典隆德大学的研究者让箱水母在一个流水池中游动，并在水中放置不同的障碍物。结果发现，箱水母能避开不同颜色和形状的障碍，但像人在水中一样，往往躲不开透明物。

别碰我，我很毒

有剧毒的海洋生物 | 11

毒，这些毒刺很敏感，不仅在恶意的攻击时，就连贝壳或小鱼不经意的剐蹭都会刺激这些微小的毒刺。

只要有谁胆敢招惹它，它就会疯狂地给对方注射人类目前已知的最有效的神经毒素，这种毒素可以让人在30秒内死亡。

箱水母对人类的伤害远超过鲨鱼

在炎热天气中，箱水母潜入深水处，只在早晨和傍晚时才上浮到水面，在风平浪静的时候它们会游向海滨浴场。

人一旦被澳大利亚箱水母的触须刺中，4分钟内不救治的话必将死亡。被蜇伤后，必须用白醋冲洗伤口。在澳大利亚昆士兰州沿海，25年来因箱水母中毒而身亡的人数约有60人；可是与此同时，死于鲨鱼之腹的只有13人。

目前唯一能够避免遭受箱水母进攻的方法就是不要在这种水母出没的海域游泳。目前，在澳大利亚东北部的所有海滩上都出现了提醒人们注意这种水母的警示牌。科学家们正在努力寻找更加有效的解毒药以及防范其进攻的方法。

❊ 研究发现，醋酸可杀死箱水母的触须，所以去有箱水母出没的海域游泳、潜水的游客，最好带一瓶醋，以便在遭遇箱水母的时候使用。

❊ 一只箱水母的毒素足以毒死60位成年人，它的毒液损害的是心脏，使心脏不能正常供血，导致死亡。

❊ 美国《世界野生动物》杂志曾综合英国、澳大利亚、美国、法国、意大利、日本等19个国家的科学家的意见，评选出10种动物属"世界毒王"，具体如下：
1. 澳洲箱水母（或称澳大利亚箱水母）：生活在澳大利亚沿海，人若触及其触手，30秒后便会死亡。
2. 澳洲艾基特林海蛇：它长着一张大嘴，和澳洲箱水母栖身于同一水域。
3. 澳洲蓝环章鱼：这种软体动物的身长仅15厘米，腕足上有蓝色环节，常在澳大利亚沿海水域出没。
4. 毒鲉：栖身于澳大利亚沿海水域。
5. 巴勒斯坦毒蝎：生活在以色列和远东的其他一些地方。
6. 澳大利亚漏斗形蜘蛛：生活在澳大利亚悉尼市近郊。
7. 澳洲泰斑蛇。
8. 澳洲褐色网状蛇。
9. 眼镜王蛇。
10. 非洲黑色莽巴蛇。

❊ [箱水母警告牌——澳大利亚]

由于箱水母的毒性过于强烈，所以在澳大利亚海滩上，竖立着不少这样的警示牌，提醒游客小心箱水母。

河豚

美/味/的/毒/物

河豚是河鲀的俗称，是暖温带及热带近海底层鱼类，栖息于海洋的中、下层，有少数种类进入淡水江河中，它是著名的剧毒生物，也是享誉世界的美味。

别碰我，我很毒

[河豚]

河豚是暖温带及热带近海底层鱼类，在我国有些地方也叫"气泡鱼""吹肚鱼""河豚鱼""气鼓鱼"，而在古代被称为"肺鱼"。

遇到危险就成球

河豚的体型浑圆，主要靠胸鳍推进，它的身体可以灵活旋转，速度却不快，容易被当作猎食的目标。因此河豚进化出了迥异于一般鱼类的自卫机制，它的胃的一部分呈特殊的袋状，当遇到危险的时候，它们会吸入水和空气，加上无肋骨的约束和皮肤的强收缩性，能使腹部膨胀成圆球状，使得身体看起来要比原来大很多，同时皮肤上的小刺竖起，牙齿或其他骨骼相互摩擦，发出"咻咻""咕咕"声，用以威吓敌害，防止敌害攻击。

[爱吃河豚的苏轼]

❊ 宋人马志（约968年）在《开宝本草》中说："河豚，长江、淮河、黄河、海里面都有……"

禅坐海底，静心礼佛

河豚大多数种类均为特有的豚形，这一体形特征决定了它们的游泳能力不强，除做一般性移动外，河豚经常会将腹部朝下，将身体左右剧烈晃动，拨开海底沙子，并用尾部将沙撒在身体上，埋于沙中，眼睛和背鳍露于外面。安安静静地"坐"在海底，犹如一位佛教信徒盘坐着，祷告诵经。

河豚剧毒

河豚体内的毒物质叫作河豚毒素，它散布在河豚的血液和内脏之中，也就是说，它没有主动攻击的能力，只要不去吃它，就不会受到伤害，这种毒性是纯防御性的。

有剧毒的海洋生物 | 13

❄ 河豚的美味，让许多名人拼死也要尝试。在我国宋代就有时人孙奕所撰《示儿编》中记载的苏轼吃河豚的轶事。

话说苏轼谪居常州（今江苏省常熟、武进、阳湖、靖江一带）时，偏爱吃河豚。

当地有一家人特别善于烹饪河豚，听说大文豪苏东坡喜欢吃，就邀请苏东坡去尝尝他的手艺，希望苏东坡能够给他写点诗词什么的，好让他名传天下。

在苏轼品尝河豚时，主人一家子都躲在屏风后面，想听"苏学士"如何品鉴。但见苏轼埋头大啖，不闻赞美之声，当这家人相顾失望之际，没想到这时候苏东坡突然丢下了筷子，口中说道："值得一死！"翻译成现代的话就是："这河豚做得太好吃了，吃到这美味，死也值了！"

但是河豚肉之鲜美已成为美食界之"貂蝉"，越是危险，人们越是垂涎。虽然1克河豚毒素能使500人丧命，但"无毒不美味"，还是吸引了许多人慕名品尝。

河豚肉质鲜美

河豚肉质细嫩、鲜美，曾有"吃了河豚，百味不鲜"以及"拼死吃河豚"之说，我国沿海某些地区有吃河豚的习惯，日本人也把河豚视为珍馐佳肴。

丰臣秀吉与河豚

在日本吃河豚有着悠久的历史，几乎成为其饮食文化重要的一部分。

河豚虽然有剧毒，但其肉鲜美柔嫩无比，日本人常把河豚鱼片与日本绘画相提并论：柔和细腻，回味无穷，仅东京就有1 500家店供应河豚肉。

相传在丰臣秀吉的时代，河豚是不

❄ [丰臣秀吉雕像]

丰臣秀吉原名木下藤吉郎、羽柴秀吉，是日本战国时代、安土桃山时代大名、天下人。是继室町幕府之后，首次以天下人的称号统一日本的战国三杰之一。

统一全日本后，天皇和将军赐秀吉（丰臣秀吉）"天下人"的称呼，赐位为"太阁"，并且因为地位已经是万人之上，"羽柴"这个姓已经不能再用，天皇故赐"丰臣"之姓给他，称"丰臣秀吉"。

❄ 河豚毒素有镇静、局麻、解痉等功效，能降血压、抗心律失常、缓解痉挛。利用河豚皮肤提炼出的止血粉，对大出血有特效。

❄ [邮票上的河豚]

日本1966年发行的正面为河豚的邮票。

❄《本草纲目》中记载："据草创于大禹、成书于夏、完善于春秋战国时期的古籍《山海经·北山经》记载，河豚名鲑鱼，吴人说它的血有毒，肝脏吃下去舌头就发麻，鱼子吃下去肚子就发胀，眼睛吃下去就看不见东西了。"

允许食用的，否则就会被没收家产，甚至拘留。这是为什么呢？

自江户时期，日本就流传着嗜吃河豚的风俗，但吃河豚肉时，稍有不慎就会是食客最后的晚餐。而且在当时河豚剧毒毫无解药，河豚肉只需针尖大小就足以致人于死地，如此危险，却还是有人禁不住诱惑。

因为有太多武士死于河豚毒，使得军队战斗力削弱，所以丰臣秀吉才不得不下禁令，以保证军队战斗力。

后来到了明治时代才取消了对河豚的禁制条例。但是，为了保证食客的安全，日本详细制定了关于吃河豚的规则，还设定了河豚厨师资格证的考试，有了这个资格证的厨师，才可以科学地根据不同的河豚处理它们的毒素。日本人为了吃河豚也算是拼了。

❋ [吴王夫差]
吴王夫差（约前528年－前473年），春秋时期吴国末代国君，前494年，吴王夫差攻破越国国都，前473年，卧薪尝胆的勾践率越军围困姑苏城，夫差自刎，时年55岁。

中国自古就有河豚这一美食

在中国品尝河豚的习俗比日本人还有过之而无不及。

据《山海经·北山经》记载，早在距今4 000多年前的大禹治水时代，长江下游沿岸的人们就品尝过河豚，就知道它有剧毒了。

2 000多年前的吴越盛产河豚，吴王夫差更是将河豚推崇为极品美食，将河豚与美女西施相比，河豚肝被称之为"西施肝"，河豚精巢被称之为"西施乳"。

❋ 河豚毒素是一种无色针状结晶体，属于耐酸、耐高温的动物性碱，是自然界毒性最强的非蛋白物质之一，对人体的最低致死量为0.5毫克，这种毒能溶入水，可利用高温将其毒素破坏，使毒性消失，在100℃时加热4小时或200℃时加热10分钟即可。

❋ [河豚美食]
中国《水产品卫生管理办法》中明确规定："河豚有剧毒，不得流入市场。捕获的有毒鱼类，如河豚应拣出装箱，专门固定存放"，所以，河豚还是不吃为好。

别碰我，我很毒

有剧毒的海洋生物 | 15

短鼻剑尾海蛇

悄/无/声/息/的/杀/手

短鼻剑尾海蛇与其他蛇一样属于前沟牙类毒蛇，它的毒素为神经毒，主要作用于横纹肌，毒性极强，属于最强的动物毒之一。

短鼻剑尾海蛇体长60厘米左右，身上有24~27条紫褐色的斑纹，腹部的鳞片退化或完全消失，它们的肺很发达，从头部延伸到尾巴，还可以用皮肤呼吸。喜欢游弋在礁石与沿外礁边缘的浅水区，捕食鳗鱼等鱼类，主要分布在澳大利亚海域和印度洋东部等地区。

短鼻剑尾海蛇的前门牙上有剧毒，这种毒主要作用于神经，毒性极强，几毫克就可以致人死亡。更加可怕的是，被这种蛇咬伤，人并不会有感觉，皮肤上也不会留下明显的伤口，毒发约半小时后，人才会有喉咙干燥及恶心的感觉，紧接着双手双脚无法活动，这是毒性蔓延至神经的表现，然后持续8小时以上的时间，直到死亡。在东南亚地区，每年都有被短鼻剑尾海蛇咬伤的渔民因未能及时就医而死亡。

短鼻剑尾海蛇生长缓慢，寿命极长，近年来由于海洋污染，一度被宣布灭绝了。在2000年左右，才又在帝汶海发现了它们的踪迹。

[短鼻剑尾海蛇]

[等指海葵]

等指海葵
没/脑/子/的/毒/物

等指海葵是一种含有剧毒的海葵属生物，主要生活在地中海、大西洋东部及苏格兰北部水深约2米的海域。

等指海葵在不同海域拥有多变的体色，有深乳黄色、深红色、红褐色或玫瑰红色等颜色。等指海葵触手有6圈，每圈都有许多触手，最多时可达到192个。

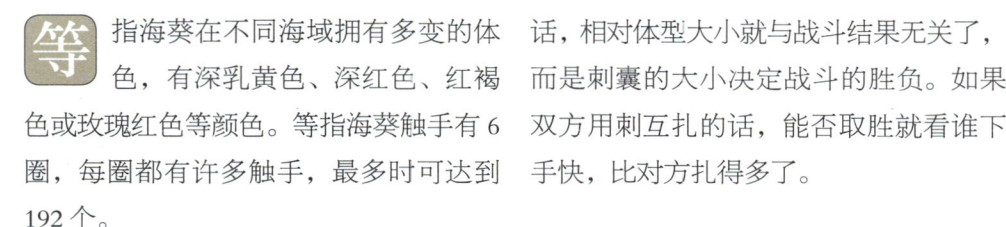

它们没有大脑却会争夺领土

等指海葵是一种连大脑都没有进化出来的动物。当两只等指海葵相遇争夺领土、面临战斗的时候，它们却会做出不同的选择：战斗或逃跑。前者需要战斗者有足够的力量承担风险，而后者则是为了保存体力。它们没有大脑，却会做出不同选择，非常神奇！

在双方都不用刺扎对方的战斗中，往往是体型大的一方胜利。如果其中一方用刺扎了对方，对方也不选择逃跑的话，相对体型大小就与战斗结果无关了，而是刺囊的大小决定战斗的胜负。如果双方用刺互扎的话，能否取胜就看谁下手快，比对方扎得多了。

等指海葵有剧毒

等指海葵单独或群居于浅海岩壁的阴暗处或洞穴中。它们的毒素能使受刺者血压快速下降，心率减慢，抑制呼吸，从而引起动物死亡。

等指海葵的毒素可用于制作降压药。

❀ 海葵算得上是海洋中的异类，这种生物既有动物的特性又有植物的特性，所以一半是动物，一半是植物。

❀ 等指海葵这种连大脑都没有进化出来的动物，其个体有着不同的"个性"。

别碰我，我很毒

有剧毒的海洋生物

纽扣珊瑚

美/丽/的/毒/"纽/扣"

> 纽扣珊瑚是一类六放虫，它们是珊瑚和海葵的亲戚，常附着于浅海的岩石或珊瑚礁上，它们非常漂亮，但是有剧毒。

纽扣珊瑚因长得像纽扣而得名，常见的纽扣珊瑚为绿色，也会有更鲜艳的色彩，如黄色、橘色、粉紫色，还有一些变种为大红色等。它们喜欢附着在海边的岩石或珊瑚礁上，就像盛开的五彩斑斓的"花海"，但是它们会分泌一种剧毒，其毒性能够在自然界中排名第二，所以不可小觑。

[纽扣珊瑚]

纽扣珊瑚所含的毒素为海葵毒素，它会透过人的皮肤，还会根据温度的变化生成气体，并且少量的气味就能使人死亡。根据实验显示，1克海葵毒素，可以杀死30万只小白鼠和80个成年人，所以纽扣珊瑚不像其外表那样"无害"。

由于纽扣珊瑚有着绚丽的外表，并且适应能力强，所以被许多爱好者养在家中。它们非常易养，投喂些小型浮游

※ 通常中了纽扣珊瑚毒的症状是呼吸困难、肌肉疼痛，或者发热，而且这种症状会持续很多天，虽尚没有因纽扣珊瑚中毒而致死的报告，但有因中毒窒息休克的案例。

※ 美国在2010年对华盛顿地区的海洋水族商店的13个纽扣珊瑚样本进行检测，其中有3个样本显示有剧毒物质，所以在触摸纽扣珊瑚时一定要小心，尤其是将其养在鱼缸的爱好者们要格外注意。

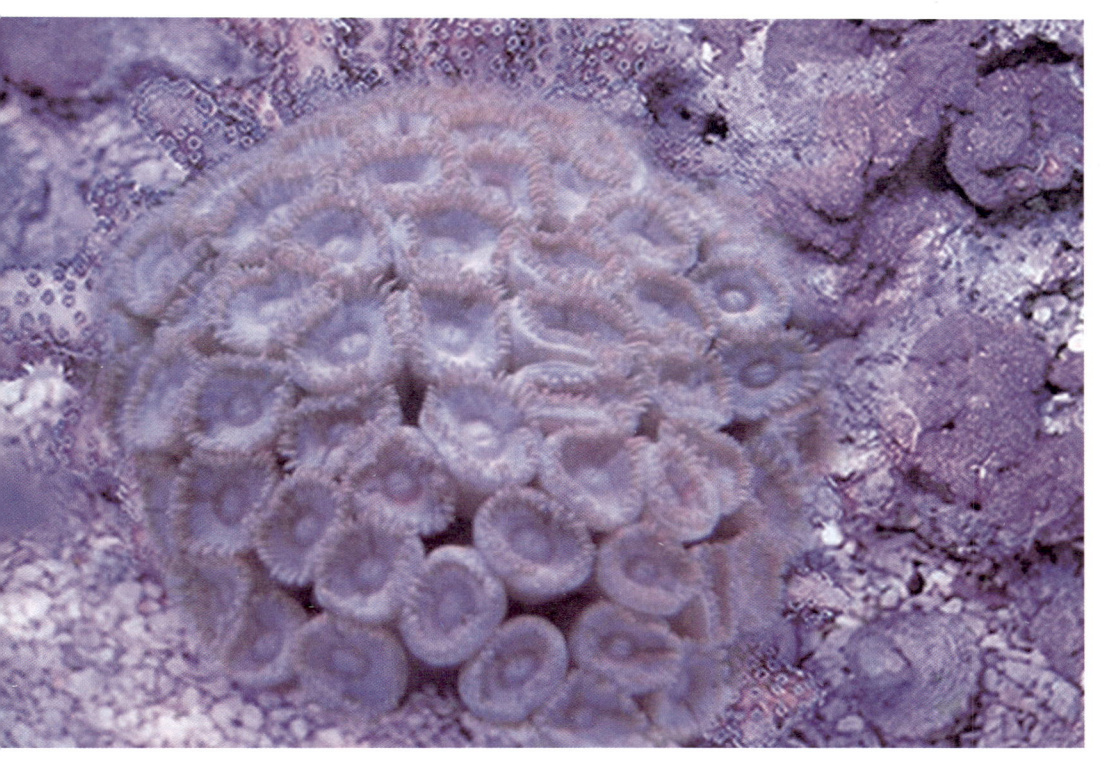

[纽扣珊瑚]

别碰我，我很毒

生物或是小虾便能养活，而且它们没有攻击性，与其他鱼类或珊瑚也能"和平共处"。但是一定要注意，不要因为它的魅力而忽略了它的毒性，不要让有破损的皮肤接触它，如果接触到了，要多用热水清洗，尽可能地分解海葵毒素。

[邮票上的纽扣珊瑚]

❋ 关于纽扣珊瑚所含的海葵毒素，在夏威夷有这样的一个传说：茂宜岛上的一个村子被诅咒了。当年村民们藐视鲨鱼神灵，于是被鲨鱼吃掉。活着的村民将鲨鱼捕杀并肢解焚烧，随后将焚烧后的灰烬倒入哈纳镇附近的一个湖中。不久后，一种神秘的海藻在湖中生长。这种海藻被称为"致命的哈纳海藻"。如果谁不小心把鱼叉放入这个湖中，然后刺伤人，很快这个人就会被夺去生命。

1961年，一位科学家对传说中的湖泊进行了研究，发现原来哈纳海藻是纽扣珊瑚的近亲。

有剧毒的海洋生物 | 19

僧帽水母

世/界/上/最/毒/的/水/母

僧帽水母是暖水种管水母，外形像是一只在水面上漂浮的淡蓝色透明囊状浮囊体，前端尖，后端钝圆，顶端竖起呈背峰状，很像出家修行的僧侣的帽子，因此被称作僧帽水母。

僧帽水母外形十分绚丽，薄薄的气囊呈现优雅的色彩，气囊下方长着长长的触手。虽然僧帽水母像水母，但其实是一个包含水螅体及水母体的群落，它直径约10厘米，浮在水面似战舰，所以又得名葡萄牙军舰水母。

喜欢热闹的小军舰

僧帽水母是终生群居的浮游腔肠动物，它们的社会分工也相当明确，并且效果非凡。能和僧帽水母共生的一种小鱼叫"军舰鱼"，这种鱼躲藏在僧帽水母的触手里面逃避捕食者，因为僧帽水母对绝大多数海洋捕食者来说都是惹不起的。其实不仅是军舰鱼，还有很多种海鱼喜欢和僧帽水母一同生活，包括小丑鱼及巴托洛若鲹。

[冲上岸边的僧帽水母]

[僧帽水母]

僧帽水母变幻莫测的颜色和漂浮的身躯有一种魔力，吸引着人们想近距离地观察它们，但这里要提醒一句，僧帽水母只可远观，而不可亵玩焉。这种看似柔弱无力的美丽生物蜇人的本领可绝不含糊。

别碰我，我很毒

温柔的杀人武器

僧帽水母主要分布于太平洋、印度洋的热带及亚热带海域，曾有报道说在我国海域也有出现。别小看这个小小的生物，它性格凶悍，极其霸道，而且毒性极强，如果被它蜇一下，它所分泌的毒素会迅速伤害人的神经，人们在遭受剧痛的同时，还会出现血压骤降，呼吸困难、休克等状况，抢救不及时会导致死亡。

僧帽水母的杀人武器是它的触手，僧帽水母的细小触手能够达到9米之长，所以很多游泳者在看到僧帽水母的时候再躲避已经迟了。据统计，仅在2000年被僧帽水母蜇伤的游泳者中，就有68%的人死亡，在32%的生还者中，还有相当一部分致残，只有极少数幸运者从僧帽水母的魔爪下全身而退。僧帽水母的毒性非常暴烈，任何被蜇伤者的身上都会出现恐怖的类似于鞭笞的伤痕，经久不退。

建议在海边游泳的人应时刻保持警惕，因为僧帽水母通常是明亮的紫色或者蓝色，就像是漂浮着的气球或是彩带。孩子们更容易遭到僧帽水母的袭击，因为这种生物看起来很美丽，常诱惑人们去触摸它们。

❦ 若被僧帽水母蜇伤，可先以浴巾、衣服蘸海水清洗，再用镊子夹出体表刺丝胞，切勿用手，避免造成蜇伤，也不要用清水或酒精、尿液清洗，避免刺丝胞分泌毒液，加重症状，可用家用白醋、5%醋酸或pH值大于8的阿摩尼亚清洗，并尽速就医。

有着坚韧皮肤的翻车鱼和蠵龟是僧帽水母的天敌。尤其是蠵龟，僧帽水母对它来说就是最好的美味佳肴。蠵龟吃僧帽水母的时候连剧毒的触手一起吞下，虽然有时候蠵龟的眼睛会被僧帽水母的触手蜇得肿胀起来，但是仅此而已。

有剧毒的海洋生物 | 21

Chapter 2
我们都要萌萌哒
——蠢萌的海洋生物

We All Need to Sprout Up

小丑鱼
电/影/中/走/出/的/萌/物

皮克斯动画推出的《海底总动员》里有一对小丑鱼，它们的形象几乎完全照搬了小丑鱼的真实形象，这让小丑鱼从电影走到现实中，迅速获得了许多人的喜爱。

小丑鱼是对雀鲷科海葵鱼亚科鱼类的俗称，主要分布于印度—太平洋、红海，北至日本南部，南至澳大利亚悉尼等海域。

长得像京剧中的丑角

小丑鱼因为脸上有一条或两条白色条纹，好像京剧中的丑角而得名，是一种热带咸水鱼。

小丑鱼最大体长达 11 厘米；臀鳍软条总数 14～15，在前额与上侧面有白色的斑块；成鱼的颜色会随着环境、地理位置不同而改变。

小丑鱼栖息于珊瑚礁与岩礁，时常与大的海葵、海胆或小的珊瑚共生，形成鱼群。

海葵提供给小丑鱼安全

小丑鱼与海葵有着密不可分的共生关系，因此又被称为海葵鱼。

小丑鱼身体表面拥有特殊的体表黏液，可保护它不受海葵毒素的影响而安

[小丑鱼]

[《海底总动员》剧照]

小丑鱼的最大特点就是寄生于剧毒的海葵中，自己却可以不受海葵毒素影响，甚至可以利用海葵的毒性获取食物。这种习性的确与片中鱼爸爸马林的性格颇为相似，导演安德鲁·斯坦顿对角色的构思的确巧妙。

全自在地生活于其间。小丑鱼还可以借着身体在海葵触手间的摩擦，除去身体上的寄生虫或霉菌等。因为海葵的保护，使小丑鱼免受其他大鱼的攻击，同时海葵吃剩的食物也可供给小丑鱼。

小丑鱼给海葵带来更加健康的生活

对海葵而言，可借助小丑鱼的自由进出，吸引其他的鱼类靠近，增加捕食的机会；小丑鱼也可除去海葵的坏死组织及寄生虫，小丑鱼的游动还可减少残屑沉淀至海葵丛中。

并不是每种海葵都适合小丑鱼

小丑鱼利用海葵的触手丛安心地筑

[小丑鱼银币]

[木刻版画邮票小丑鱼]

中生活；而小丑鱼在没有海葵的环境下依然可以生存，只不过缺少保护罢了。

雌性小丑鱼是家长

小丑鱼像狼一样具有领地观念，通常一对雌雄鱼会占据一株海葵，阻止其他同类进入。如果是一株大型海葵，它们也会允许其他一些幼鱼或者年轻的雄

巢、产卵。孵化后，幼鱼在水层中生活一段时间，才开始选择适合它们生长的海葵群，经过适应后，才能和海葵共同生活。值得注意的是，小丑鱼并不能生活在每一种海葵中，只可在特定的对象

✤ 相对于由雄性变为雌性，在自然界中，由雌性变为雄性的生物要稍多一些，如清洁鱼，在雄鱼死后，群体中地位最高的雌鱼就会成为新首领，并且自动长出雄性生殖器变为雄性，类似的生物还有海鲈、黄鳝、红雕鱼等。

✤ 小丑鱼并不是唯一雌雄同体的生物，但它们是为数不多的雄性可变为雌性，雌性无法变成雄性的物种。这样的物种还有大西洋扇贝等。

我们都要萌萌哒

[小丑鱼和海葵共生]

蠢萌的海洋生物 | 25

鱼加入进来。

在小丑鱼的社会里，体格最强壮的雌鱼有着绝对的威严，它和它的配偶雄鱼在群体中占主导地位，其他的家庭成员会被雌鱼驱赶，让它们只能在海葵周边不重要的角落里活动。如果当家的雌鱼不见了，那它的配偶雄鱼会在几星期内转变为雌鱼，再花更长的时间来改变外部特征，如体形和颜色，最后完全转变为雌鱼，而其他的雄鱼中又会产生一尾最强壮的成为它的配偶。

[小丑鱼饰品]

小丑鱼的种类繁多

小丑鱼的种类有很多，已知的有28种，它们有着共同的特点：丑得萌萌的。下面给大家罗列一下各种小丑鱼：公子小丑鱼、红小丑鱼、黑双带小丑鱼、折透红小丑鱼、红双带小丑鱼、咖啡小丑鱼、

❦ 据科学家观察发现，野生的小丑鱼具有很强的攻击性，同类之间会相互攻击，而人工饲养的小丑鱼之间只会相互嬉戏，能和谐地共同生活。

❦ 自然界中还有一些同时长着雌雄两性生殖器官的生物，如藤壶、海兔、澳大利亚扁虫等。

❦ 小丑鱼出生时都是雄性，一部分小丑鱼后来会变成雌性。

❦ 在一个小丑鱼群体中，占据统治地位的雌性小丑鱼一旦死亡，那么成了鳏夫的小丑鱼就会立即变成雌性，成为这株海葵的女王。而等级制度里排名第二的雄性小丑鱼（也就是影片《海底总动员》中的尼莫）则会升任为女王的丈夫。

[邮票上的小丑鱼]

黑豹小丑、印度红小丑、印度洋银线小丑、太平洋银线小丑、太平洋双带小丑、太平洋三带小丑、塞舌尔双带小丑、毛里求斯三带小丑、克氏双带小丑、红海双带小丑、大堡礁双带小丑、查戈斯双带小丑……

海马

海/洋/奶/爸

海马是刺鱼目海龙科暖海生数种小型鱼类的统称，是一种小型海洋动物，身长5~30厘米。海马因头部弯曲与身体近直角而得名，外形酷似马，因此也被称为"海洋骏马"。

[海马]

在鱼类当中，海马可算是奇葩的存在。海马就像它的名字一样，有个独特弯曲的颈，还有像马一样的长长的口、鼻、头部。再加上没有尾鳍，使海马成为海洋中最慢的泳者，大多数时间，海马都会将尾巴卷起系在海底。

别具一格的捕食

海马主要摄食小型甲壳动物，像桡足类、蔓足类的藤壶幼体、虾类的幼体及成体、萤虾、糠虾和钩虾等。由于海马游得很慢，在捕食时它常利用弓形的颈部当弹簧，以扭动头部朝前捕捉猎物，这也限制它们捕捉食物的有效距离，只相当于它们颈部的长度，即0.1厘米。然而，海马却能利用头部的特殊形状，悄悄地靠近猎物，然后加以捕捉，而且成功率超过90%。

海洋奶爸

海马是地球上唯一由雄性生育后代的动物。但是仔细分析，也不太准确，其实，海马还是雌性生育，但是形成受精卵后就放在雄海马的育儿袋里，最后由海马爸爸将小海马"生养"出来。

到了繁殖季节，雄海马会向雌海马求婚，一旦求婚成功，雌、雄海马就会将尾巴相互勾起，这时将完成精子和卵子的结合，然后便由雄海马完成养育的任务。足月之后，雄海马就开始分娩，分娩之初就像口吹飞镖，小海马从圆鼓鼓的育儿袋里鱼贯而出，到了后期阶段，就改为干粉灭火器般的喷射，成批的小海马就从"袋子"里被释放了出来。出生后的小海马非常小，但是从这时起就开始独立生活。

[北京太庙丹陛海马雕像]
北京太庙丹陛的汉白玉"石雕马"，俗称"海马"，实际上是中国古代传说中的一种神兽。这匹海马穿行于波涛之中，神态怡然。波涛和"山"形的岩石是一种古代典型的吉祥纹样，称为"海水江崖"。显然，这种海马不同于动物学意义上的、可做中药的海洋生物，而是一个中华传统文化的特殊符号，其起源颇为古老。有人说这种神秘的浮雕"海马"是一种叫"特"的神兽。

我们都要萌萌哒

蠢萌的海洋生物 | 27

鳐鱼

笑/脸/鱼

鳐鱼是多种扁体软骨鱼的统称，其体型大小各异，小鳐成体仅50厘米，大鳐可长达8米。它们喜欢栖息在水底的沙中，分布在全世界大部分海域，从热带到近北极海域都有。

[鳐鱼的笑脸]

鳐鱼长什么样

鳐鱼的身体一般为圆形或菱形，胸鳍宽大，由吻端一直扩伸到细长的尾根部。它们的身体扁平，尾巴细长，有些种类的鳐鱼尾巴上长着一条或几条边缘带锯齿的毒刺，人被刺到，如果不及时医治可能导致死亡。有些种类的尾部内有发电能力强的发电器官（电鳐）。鳐鱼的眼睛和喷水孔长在头顶，口和鼻子在脸的底侧，看上去就像是一张笑脸。鳐鱼体内的骨骼完全由软骨构成的，有些地方钙化后也有一定的硬度，但和骨化形成的硬骨组织不同。

鳐鱼是被"拍扁"的鲨鱼

在近2亿年前，鳐鱼与鲨鱼是同类，但为了适应海底的生活，鳐鱼长期将身

❋ 与大部分卵生鱼类不同，鳐鱼的繁殖方式是卵胎生，即卵在体内受精，体内发育，受精卵在母体内发育成新个体后产出母体。

可以飞的鱼

鳐鱼是一种典型的软骨鱼类，软骨鱼类中体型最大的是蝠鲼，体长可达7米，体重有5 000多千克，它们一旦做出飞翔的动作，甚至可以将海面上的船拍翻。而鳐鱼虽然没有蝠鲼大，但飞翔的动作是一样的。

类似厕所味的美食

鳐鱼在我国东南沿海的名字五花八门，有劳子鱼、老板鱼等，我国有许多烹饪它的方法，比如红烧、油炸等。

韩国人则有一种奇特的烹饪鳐鱼的方法。据说鳐鱼的鱼肉有一种怪味道，韩国人会将新鲜鳐鱼发酵，加上烤制的五花肉和辣白菜包裹鱼肉，一同入口，起名"鳐鱼三合"，至于味道就见仁见智了，起码品尝这道菜是需要足够的勇气的。

为什么这么说呢？因为鳐鱼本身就有世界第二臭食物的"雅号"，其臭味大概是纳豆的100倍，再经过发酵，那个味道我们可以想象得出……

据品尝过这道美食的人形容其味道是一种类似于氨气（俗称阿摩尼亚）的味道，并且非常刺激，尽管如此，在韩国依旧流行吃这种发酵鳐鱼，因为据说吃了对皮肤非常好。而在韩国某些地方，将鳐鱼做成的生鱼片更是极品佳肴，只有在当地举行婚礼的时候才能吃到。

如果大家有幸去韩国旅游或者出差，可以去品尝一下这道"极品"佳肴。

※ [鳐鱼]

体隐藏在海底沙地里，才慢慢进化成如今的模样。鳐鱼身体周围长着一圈扇子一样的胸鳍。它们的尾鳍退化了，像一根又细又长的鞭子，靠胸鳍波浪般的运动向前游动。鳐鱼的性情不像鲨鱼那么凶猛，它们不会主动袭击人，而且许多鳐鱼还很懒，不爱游动。

※ 鳐鱼和蝠鲼长相非常相似，其实魟、鳐、鲼都属于软骨鱼纲，魟和鳐的区别是，魟的尾为尾鞭型，无鳍；而鳐则为有鳍尾，一般为歪型尾；鲼具有头翼，这是魟和鳐缺少的。

※ [邮票上的鳐鱼]

我们都要萌萌哒

蠢萌的海洋生物 | 29

灯泡海鞘

绚/丽/的/海/底/萌/物

> 灯泡海鞘体色透明，外观呈筒状，从它们透明的外衣可以看到其内部黄色和白色器官的运动，因远远看上去像一个灯泡而得名。

灯泡海鞘是一种很像植物的海洋生物，大多数生活在 20～50 米深的海水中。广泛分布在大西洋、北海、英吉利海峡和地中海，从浅滩到深海都有它们的足迹。

灯泡簇

灯泡海鞘喜欢附着在贝壳、海藻或者垂直的岩壁上，它们身上长着许多透明的"管子"，管子可以长到 20 厘米，直径 15 厘米，这些管子常常松散地挤在一起，远远望去，透过它的身体，可以看到其背后的景致，真是美得不可方物。

一吞一吐的进食

灯泡海鞘身上长了许多管子，每根管子有两个开口，一个开口进水，一个开口出水，水中的微小生物在这一进一出中被滤出，成为灯泡海鞘的食物。当遇到危险的时候，灯泡海鞘会将管子作为武器，将其中的水喷出，收缩身体，躲避危险。

灯泡海鞘与普通海鞘一样，是雌雄

[灯泡海鞘]
灯泡海鞘的魅力需要阳光和海水的结合，海水越清澈越好，如果出现在海水之外就不怎么好看了。

同体生物，它们会将精子和卵子直接排入水中或在围鳃腔内受精。受精后，最快几小时、最慢几天就可以发育成可以自由游动的幼体，幼体外形像蝌蚪，又被称为"蝌蚪体"。再经过一段时间的发育，幼体就会找适当的环境附着，开始变态，发育为成体。

30 | 蠢萌的海洋生物

[海兔]

海兔又被称为黑色斑点天鹅绒海蛞蝓，它的身体表面有一些小的感官结节，有些大的结节就形成了"耳朵"，因此看上去与毛茸茸的兔子很像。

海兔

蠢/萌/海/兔

海兔是海蛞蝓的一种，它们在海底爬行时，头上的一对触角分开成"八"字形，向前斜伸着，嗅四周的气味，休息时这对触角立刻并拢，笔直向上，活像一只蹲在地上竖着一对大耳朵的小白兔，因而最早被罗马人称为海兔，后被世人所公认，海兔因而得名，日本人称它为"雨虎"。

海兔外形像兔子，但它们不是兔，而是一种生活在浅海的螺类，是海兔科海洋腹足类的统称，它们分布于世界暖海区域。

分工明确的身体构造

海兔头上有两对突起的触角，它们分工明确，前面一对触角稍短，专管触觉；后一对稍长，专管嗅觉。海兔在海底爬行时，后面那对触角分开成"八"字形，向前斜伸着，嗅四周的气味。

两只海兔的交配通常会有两种情况：一种情况是发生战斗。在动物世界里，为争夺交配权进行战斗的情况时有发生。但海兔的情况则更为惨烈，因为谁一旦打输了就会变为雌性，全权负责怀胎产卵到抚养下一代；另一种情况则相对温和，两只海兔交配后会进行"角色互换"，开始进行第二次交配。

运动时身体会变形

海兔的个体较小，一般仅有10厘米长，体重130克左右，身体呈卵圆形，运动时身体可变形。海兔没有石灰质的

蠢萌的海洋生物 | 31

❋ [海兔]

外壳，它们的贝壳退化成了一层薄而透明、无螺旋的角质壳，被埋在背部外套膜下，从外表根本看不到，在背面由一层薄而半透明的角质膜覆盖着身体（这一点和蛞蝓相同）。海兔的足相当宽，足叶两侧发达，足的后侧向背部延伸。平时，海兔用足在海滩或水下爬行，并借足的运动进行短距离游动。

> ❋ 海兔体内的雄性生殖器一般"用过即丢"，每次交配后就会舍弃用过的阴茎，并在一天内再生一段新阴茎，供下次交配使用，这是科学家首次发现动物有可再生阴茎，并使用"可抛弃式阴茎"重复交配。

独领风骚的捕猎本领

海兔喜欢在海水清澈、水流畅通、海藻丛生的环境中生活，以各种海藻为食。它有一套很特殊的避敌本领，就是吃什么颜色的海藻就变成什么颜色。如一种吃红藻的海兔身体呈玫瑰红色，吃墨角藻后身体就呈棕绿色。有的海兔体表还长有绒毛状和树枝状的突起，从而使得体形、体色及花纹与栖息环境中的海藻十分相近，这为它避免了不少麻烦和危险。

❋ [海兔]

❦ [海兔]

❦ [邮票上的海兔]

海兔的化学武器

海兔既能消极避敌，又能积极防御。海兔和其他海蛞蝓家族成员一样，体内有两种腺体，一种叫紫色腺，生在外套膜边缘的下面，遇敌时，能放出很多紫红色液体，将周围的海水染成紫色，借以逃避敌人的视线。还有一种毒腺在外套膜前部，能分泌一种略带酸性的乳状

科学家未解之谜

❦ 生活在美国新英格兰地区和加拿大的盐碱滩的一种通体碧绿的绿叶海蛞蝓（叶羊也同样如此）可以进行光合作用，是人类发现的第一种可生成植物色素叶绿素的动物。除了生成叶绿素所必需的基因外，它们还"窃取"了称为叶绿体的细胞器，利用其实施光合作用。

同植物一样，绿叶海蛞蝓的叶绿体借助叶绿素将阳光转化为能量，因此它可以通过阳光获取能量。这意味着从理论上来讲，它们只需晒晒太阳就能保证自己存活，当然现实里，它们还是要通过进食来补充其生理和进行光合作用所需的蛋白质和各种物质。

研究人员采用放射性示踪剂以确保绿叶海蛞蝓确实是通过自身力量生成叶绿素，而不是从藻类身上窃取的这种现成的色素。事实上，绿叶海蛞蝓完全吸收了这种遗传物质，并将其遗传给了下一代。这些海蛞蝓的后代同样可以生成自己的叶绿素，不过，在吃掉足够的藻类以获取必要的叶绿体之前，它们还不能进行光合作用。科学家迄今尚不清楚这种动物是如何盗用所需要的基因的。

我们都要萌萌哒

蠢萌的海洋生物 | 33

❀ 海兔的卵一般在交配过程中或分开几小时后产出，卵与卵之间以蛋白腺分泌的胶状物黏成细长如绳索般的长条，有的卵索可达数百米，看上去像粉丝，广东沿海居民将其称为"海粉丝"，非常美味，还有消炎退热，润肺、滋阴的功效。

❀ [海兔]

液体，气味难闻，对方如果接触到这种液汁会因中毒而受伤，甚至死去，所以敌害闻到这种气味，就会远远避开，是海兔御敌的化学武器。

奇特的繁殖方式

海兔和其他的海蛞蝓一样是雌雄同体的，也就是一只海兔的身上有雌雄两种性器官。海兔的交配方式很特别：如果仅有两只海兔相遇，其中一只海兔的雄性器官与另一只海兔的雌性器官交配，间隔一段时期后，彼此交换性器官再进行交配。可是这种情况并不常见，通常都是几只甚至十几只海兔连体、成串地交配：最前的第一只海兔的雌性器官与第二只海兔的雄性器官交配，而第二只海兔的雌性器官又与第三只的雄性器官交配，如此一个挨着一个地与前后不同的性器官交配。它们交配常常持续数小时，甚至数天之久。

❀ [邮票上的海兔]

医药价值

❀ 日本名古屋大学的山田静之教授等从海蛞蝓体内提取了一种名为"阿普里罗灵"的化合物，通过动物实验，认为可作为抗癌剂。后来，日本东京大学水野传一教授及其同事，利用海蛞蝓腺体制成一种高效抗癌剂。它的杀癌细胞能力可与作为制癌药剂的肿瘤坏死因子(TNF)效力相匹敌。而且这种制剂只对癌细胞起杀灭作用，对正常细胞无毒性，海蛞蝓抗癌制剂的出现，使海蛞蝓声名远扬。

叶羊

海/底/光/合/作/用/萌/物

叶羊是藻类海蛞蝓家族中的一员，它是甲壳类软体动物中的特殊成员，它的背面只有一层薄薄的皮壳，是一种可以进行光合作用的动物。

※ [叶羊]

光合作用是陆地植物的标志，甚至可以简单粗暴地认为会光合作用的基本都是植物，但是这一观点，在叶羊身上被彻底打破，因为叶羊是一种会光合作用的动物。

※ 叶羊常见于日本、印度尼西亚和菲律宾海，它们只能长到5毫米的长度。

萌萌的外形

叶羊的身体软绵绵的，有着毛茸茸的触角、小且明亮的眼睛、萌萌哒的外衣，就像陆地的小绵羊一样。它以草类（海藻）为食，于是被人们亲切地称为"叶羊"。

蠢萌的海洋生物 | 35

会进行光合作用的动物

叶羊利用进食到体内的叶绿素，为身体制造养分。接下来就简单了，叶羊只要每天晒晒太阳，就能够存活。这简直就是生命的"黑科技"，当然这并不能让其受用终身，因为除了叶绿素，要进行光合作用，它还需要许多种不同的蛋白，所以还是需要再进食的。

叶羊这种可以将食物中的叶绿素转化到自己体内，并为自己所用的过程称为盗食质体。

叶羊孵化后

叶羊和其他大部分海蛞蝓家族的成员一样是体外受精，在经过孵化到没吃海藻前，它们的身体呈现出透明状，直到开始进食藻类，体色才开始慢慢变化。当叶羊开始变成绿色了，就意味着它们发育成熟了。

[叶羊造型的饰品]

绿叶海蛞蝓和叶羊的比较

❋ 绿叶海蛞蝓是一种更高级的可以进行光合作用的海蛞蝓。叶羊是对各种藻类来者不拒，而绿叶海蛞蝓只吃滨海无隔藻。叶羊做不到真正的不吃不喝，绿叶海蛞蝓可以只靠幼年吃的藻类存活9～10个月，期间不需要吃任何东西。对于夺取来的叶绿素，叶羊的做法是将其装进细胞中，并定期供给蛋白，绿叶海蛞蝓则是夺取基因，并能将这种基因遗传给下一代。绿叶海蛞蝓的寿命只有一年，而叶羊则能存活更久。

❋ 盗食质体只能在单细胞生物中进行，使它们能够进行光合作用，得以生存。

[叶羊]

[草海龙]

草海龙

伪/装/大/师

草海龙全身由叶子似的附肢覆盖,外观既像海藻叶又像龙,是海洋中最让人惊叹的生物之一。

草海龙的体型很小,最大的草海龙也只有45厘米,而且这还要算上它长长的尾巴。草海龙有红色、紫色、青色、黄色及杂色等各种颜色的品种,不同颜色的草海龙形态特征也有较大差别。红、黄、紫、杂色的草海龙一般活跃在水深不超过10米的海域,身上的附肢比较多。青色的草海龙则喜欢生活在水深10~30米的海域,身上的附肢较少。但有时在50米深的水域也能发现它们的踪影。草海龙主要分布在澳大利亚南部及西部海域,是肉食性动物,主要捕食小型甲壳类、浮游生物、海藻和其他细小的漂浮残骸。

[海洋大熊猫——草海龙]

草海龙属于顶级世界珍奇鱼类,素有"海洋大熊猫"之称。

海洋中的伪装高手

草海龙是海洋生物中杰出的伪装大师,它用来伪装的道具就是其精细的叶状附肢。草海龙的身体由骨质板组成,并向四周延伸出一株株海藻叶一样的瓣状附肢。它的全身都被这种由叶子似的

我们都要萌萌哒

蠢萌的海洋生物 | 37

[草海龙]

草海龙看上去就像是袋鼠、海马和海草拼合的产物。

附肢覆盖，就像一片漂浮在水中的藻类，并呈现绿、橙、金等体色。只有在摆动它的小鳍或是转动两只能够独立运动的眼珠时，才会暴露行踪。此外，草海龙还会利用其独特的前后摇摆的运动方式伪装成海藻的样子以躲避敌害。

吮吸猎物的 baby 鱼

草海龙没有牙齿和胃，它的嘴巴很特别，长长的像吸管一样，这一结构特点使得草海龙适应于吮吸的摄食方式，可把浮游生物、糠虾及海虱等其他小型的海洋生物吸进肚子里。

角色颠倒的繁殖方式

与同一家族的海马一样，草海龙在孵育后代的过程中也往往存在"角色颠倒"的现象。每年的 8 月和次年的 3 月是草海龙的繁殖季节。在交配期间，雌性的草海龙会将一定数量的卵排放在雄性草海龙尾部的由两片皮褶成的育婴囊

叶海龙和草海龙的区别

叶海龙外形更华丽，身上的附肢更多，不像草海龙的附肢只是象征性的长几条。
草海龙是叶海马鱼属，叶海龙是叶形海龙属。

中，而雄性草海龙则要担负起孵化卵的重任。草海龙卵一般需要在雄性个体的育婴囊中待上大约 2 个月的时间，才可以孵化成为幼体草海龙。

岌岌可危的生存现状

草海龙虽然不是那样难觅踪影，但是由于近年来环境污染和工业废物流入海洋，它们的生存受到很大的威胁。另外，因为草海龙美丽可爱的模样，有着极高的观赏价值，而且它们游动速度缓慢与常常保持静止不动的习性，使得这一珍稀动物遭到一些不法分子的大肆捕捉。

另外，草海龙从产卵、受精、孵化到存活的概率都很低，新生的小草海龙存活率不足 5%，因此澳大利亚有关部门已将草海龙列为重点保护珍稀动物。

梦海鼠

深/海/甜/心

梦海鼠是一种深海海参，有着粉红色透明的外表，让人一眼就能看到它的消化器官，被人亲切地称为"深海甜心"。

梦海鼠有个美好的英文名字，翻译过来是粉红透明幻想曲。

梦海鼠其实是海参的一种，生活在太平洋西部的西里伯斯海海域，通常待在200米以下漆黑的海底，即使再强烈的阳光也无法穿越到这里，所以很少被发现。

梦海鼠体长为11～25厘米，幼仔是粉红色的，随着慢慢成长，会长为红棕色的半透明身体。通过其透明的身体，可以看见它的红色内脏。

梦海鼠的外形远远看去像是一只被砍掉脑袋的鸡，因此也被科学家称为"无头鸡怪"。

❖ [梦海鼠]
红色部分是它的嘴，被触须包围着，这些触须能帮助它消化海底可使用的泥土。

我们都要萌萌哒

蠢萌的海洋生物 | 39

小飞象章鱼

最/萌/章/鱼

[Dumbo]

小飞象章鱼是2014年新发现的物种，它们的鳍长得很像大象的耳朵，在水里游动的时候两个鳍会用力扇动，与迪士尼动画《小飞象》中的Dumbo很像，因此得名。

小飞象章鱼体长约20厘米，长有像大象耳朵一样的鳍，所以在2014年被发现的时候，就被命名为Dumbo（迪士尼经典动画形象小飞象的名字），即小飞象章鱼。虽然叫章鱼，但是它并不是"章鱼"，而是须蛸科的软体动物。

会发光的小飞象章鱼

小飞象章鱼通常生活在400～4 800米深的海底，平均寿命为3～5年。它们只有在寻找猎物时才会移动，并且每次只需移动很短的距离。

小飞象章鱼居住的深海是没有任何光源的，小飞象章鱼本身会发光。它们会利用自己的生物光，将一些甲壳类、多毛类和桡足类等猎物吸引过来。

小飞象章鱼只需要耐心地等待猎物靠近，一旦发现猎物靠近，小飞象章鱼就会立即抓住它，并通过身体所产生的一种黏液网困住对方。

假如光源吸引来的不是猎物，它们会张开自己的腕足，尽可能地展露出所有的发光器官，试图吓唬和赶走不速之客。

[小飞象章鱼]

出生即成形的小宝宝

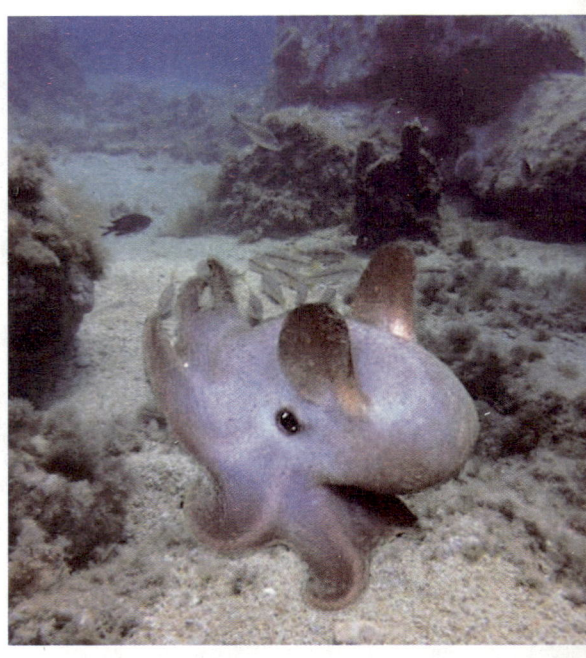

小飞象章鱼的外貌完全跟美貌没有关系，但是新生的小飞象章鱼宝宝则是不一样，它们在出生时身体就已经成形。小飞象章鱼宝宝孵化后就有着大大的眼睛，发育完善的触角，还有与身体不成比例的鳍，全身会泛出艳丽的粉红色，这样的小宝宝还是非常可爱的。

太平洋多角海蛞蝓

皮 / 卡 / 丘 / 海 / 参

看过动画《神奇宝贝》的朋友都知道，里面有一只可爱的皮卡丘。在海洋中也有一种酷似皮卡丘的太平洋多角海蛞蝓，于是被起了个形象的外号：皮卡丘海参。

我们都要萌萌哒

❋ [太平洋多角海蛞蝓]

太平洋多角海蛞蝓就像动画片中的皮卡丘一样，有着明黄色的身体和黑色的斑点，并且在像耳朵一样的嗅角处也有黑色斑点，同时它的尾巴末端和身体上还有蓝色斑点。

太平洋多角海蛞蝓主要生活在印度洋和太平洋，以及日本沿海地区，包括伊豆半岛、小笠原群岛和屋久岛附近。

许多人认为皮卡丘原型的灵感来源，就是这种可爱的太平洋多角海蛞蝓，它也因此收获了无数人的喜爱。

❋ 长期以来只有科学家才知道太平洋多角海蛞蝓这种生物的存在，直到一位日本名人在电视上对它进行专题报道之后，这种生物才在日本流行起来了。

蠢萌的海洋生物 | 41

宽吻海豚

最/聪/明/的/哺/乳/动/物

宽吻海豚是海豚界的"标准"动物,许多动画片中的海豚都是以宽吻海豚为原型,它也是海洋世界中人气最高的动物之一。

宽吻海豚又叫尖嘴海豚、瓶鼻海豚、胆鼻海豚,主要分布在温带和热带的各大海洋中,常在靠近陆地的浅海地带活动。成年雌性宽吻海豚的体长为1.9～2.1米,体重170～200千克,而雄性体长达2.5～3.9米,体重为300～650千克。宽吻海豚的身体为流线型,它的皮肤光滑无毛,身体背面是发蓝的钢铁色和瓦灰色,腹部有很明显的凸起。喙较长,嘴短小,嘴裂的形状似

❋ 宽吻海豚的食物主要包括带鱼、鲅鱼、鲻鱼、沙丁鱼等群栖性的鱼类,偶尔也吃乌贼或蟹类,以及其他一些小动物。宽吻海豚钉子状的牙齿可以咬住猎物但是不能咀嚼食物。

❋ [宽吻海豚]
宽吻海豚的上下颌较长,因此获得了瓶鼻海豚的别名,它真正的鼻孔是头上的喷气孔。

❋ 宽吻海豚的吻并不宽,相反,它们的吻是尖的,看起来短小可爱。有些宽吻海豚会利用海绵保护自己的吻,以免在海底觅食时被沙石刮伤。

[邮票上的宽吻海豚]

[海豚表演]

我们都要萌萌哒

乎总在微笑。

智力仅次于人类的生物

宽吻海豚的智力非常高，有自我意识，有浓烈的感情，甚至有谋略。有人认为海豚的智力应该排在黑猩猩的前面，仅次于人类。

首先，它们都是群体活动。宽吻海豚像人类一样群居，从十几只的小群落、到数百只的大群落，发展出复杂的社会关系。比如在捕猎时，宽吻海豚会团体合作，将猎物逼到浅海，然后再一网打尽。它们会用尾巴拍打出海浪，强有力的浪花有时能将小鱼拍晕。如果有同伴受伤，它们会将它保护起来，并不会轻易放弃。

宽吻海豚有复杂的声音信号系统。宽吻海豚没有声带，它们通过身体的运动和喷气孔下方的 6 个气囊发出的声音来交流。每只海豚都有自己独特的声音特征，它们会用复杂的信号系统彼此交流，外加丰富的肢体语言（比如跳出水面、吧唧嘴或者拍尾等），告知对方想要交流的信号。

另外，宽吻海豚对于声音的记忆非常久，它们可以有 20 年的记忆，这在动物界非常厉害，除了人类，它们的记忆是最为长久的真正记忆，而非一些动物的本能行为。

人类之友

海豚帮助人类的故事非常之多，渊源可追溯到古希腊时代。古希腊语中的 δελφίς 即 dolphin（海豚）的语源，字面意思就是"有子宫的鱼"。可见，那时人们就将海豚与别的鱼类区别开来，并开始将它们刻在钱币上；在描绘爱神阿芙洛狄忒时，常会与海豚一起出现；在克里特岛的壁画上，也有描绘蓝色海豚畅游的情形。

和别的生物不同，海豚独特的生存方式、超凡的智力以及和人类亲近的关

蠢萌的海洋生物 | 43

系，使它与人类的关系变得很特别。

怪诞的性行为

在动物界没有性爱的说法，因为许多生物都是单纯为了繁衍而交配，对于智慧体的宽吻海豚来说，性爱是一种社会活动，它们因此产生了一些怪诞的行为。

雄宽吻海豚通常都是双性恋，同性性行为发生的频率几乎与异性性行为发生的频率相当。雄宽吻海豚必须经过一段同性恋的特殊时期，这期间雄宽吻海豚会用吻部刺激其他雄性，有时也会用勃起的生殖器刺激其他雄性。

有时，为了能够让雌宽吻海豚再次产生交配的兴趣，甚至会有一大批雄宽吻海豚追杀一只幼小的宽吻海豚的行为。

小海豚的成长

宽吻海豚的怀孕期为11～12个月，生殖间隔为2年左右，通常在浅水区生产，大约要15分钟到2个小时，期间群体中的其他雌性都会围在一旁观看，随时准备给予帮助并防止鲨鱼的袭击。小海豚出生时体长为1米左右，体重9～11千克，出生就能自己向水面游动，进行第一次呼吸。

小宽吻海豚的哺乳期是12～18个月，其间它要逐渐学会自己捕猎。

在出生几个月后，海豚群内年长的阿姨、姐姐会教它怎样捕食。这些老师用自己捕到的猎物来给小海豚做示范，

[《海王子》中的海豚形象]

该片中的白海豚，是"80后"一代记忆中海豚的形象，它是宽吻海豚的近亲，长着一张和宽吻海豚相似的脸，但嘴没有宽吻海豚的大。

[邮票上的宽吻海豚]

> 宽吻海豚利用回声定位的方法在水下航行和觅食。它们向前发出声频和超声频的声音信号，以巧妙的方式形成尖锐的发射波束，而且还能随通信、搜索、跟踪和识别的不同需要进行改变，例如当它接近物体时，回声逐级变强，它就会相应地减弱发射的声波。

重复地放走和抓住小鱼。

雄宽吻海豚一般长到4岁时离开这个群体，个别的会待到5～6岁，而雌宽吻海豚可以继续留在宽吻海豚群内。

角箱鲀

会/毒/死/自/己/的/怪/鱼

角箱鲀是箱鲀科的一种鱼类，它们长得非常怪异，全身方形，头上两只角，身后两只角，还有一条尾巴，头上有白色或蓝色的斑点或条纹，主要分布在印度—太平洋区。

箱鲀品种有许多，常见的有牛角箱鲀、线纹角箱鲀、棘背角箱鲀等。它们有着共同的特点，一般前后各长有两个尖角，主要栖息在水深3～80米的区域，即沿岸浅海岩礁区或海藻丛中，属于近海底栖鱼类，通常用背、臀鳍慢慢地游动。

角箱鲀的体表能分泌毒液，而且天生胆小，在遇到攻击或伤害时，会释放出毒素，把敌人赶跑；如果水的流动性不好的话，角箱鲀释放的毒素除了能把敌人毒死外，同时也会把自己毒死。

❦ 不要让角箱鲀角扎了你的手，它们的皮肤具有毒素，被扎后可能造成感染和中毒。

❦ 角箱鲀身体内具有闭合的骨骼，它们的身体摸起来非常坚硬，即使死去也不会变形。常被晒成干尸当作工艺品出售，如果环境干燥，这些干尸可以保存许多年而不坏。

❦ [线纹角箱鲀]
线纹角箱鲀也叫花牛角。成鱼身体为黄色或褐色，带有亮蓝的斑点，杂乱地分布在全身。

❦ [牛角箱鲀]
牛角箱鲀又名黄角仔，体色呈鲜绿带黄的颜色。

❦ [棘背角箱鲀]
体褐色，腹面色较浅。体甲散布一些不规则的褐色条纹，头部和尾柄上有小黑点。尾鳍淡色，且有6条褐色横纹。

我们都要萌萌哒

蠢萌的海洋生物 | 45

七鳃鳗

珍/奇/的/鱼/祖/宗

七鳃鳗是一种古老的动物，包括人类在内的脊椎动物都是从类似七鳃鳗的原始鱼类进化而来，不仅如此，它还是一种以吸食血液为生的动物，甚至还可能害死了一位国王。

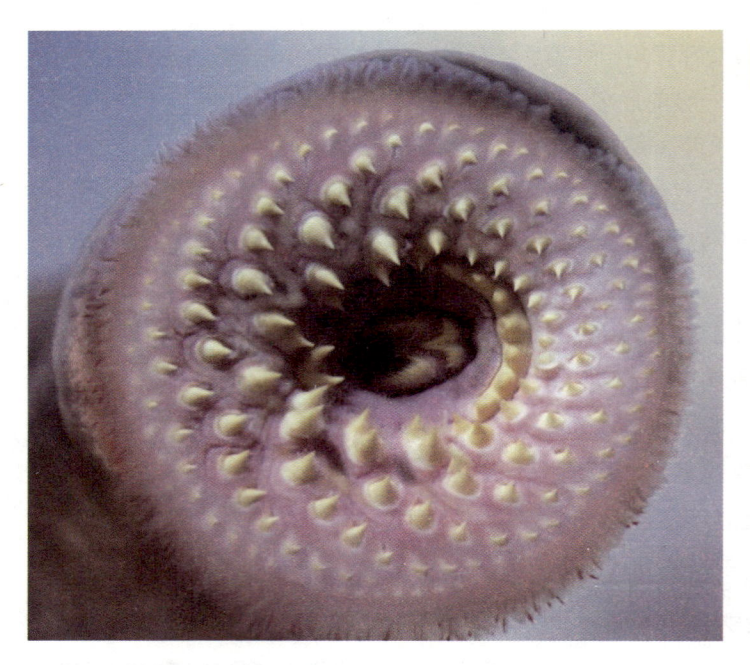

[七鳃鳗的牙齿]
在泥盆纪七鳃鳗多以古代鲨鱼和盾皮鱼为寄主，到了现代则寄生在鲑鱼和鲟鱼身上，有时也会去攻击一些凶猛的鱼类，如梭鱼、弓鳍鱼等。

七鳃鳗又叫八目鳗、七星子，是地球上最古老的脊椎动物之一，保留着最原始脊椎动物的特征，是无脊椎动物进化成鱼类的一个中间点，曾一度被人们以为已经灭绝，但幸运的是它还活着。

吸血贵族

七鳃鳗可以分为三类：吃肉者、吸血者、不吃肉也不吸血者。其中最后一类的幼体阶段长达 3～7 年，而一旦变形成为成年七鳃鳗后的寿命仅为 6 个月。在这半年期间，它们无需进食，它们的存在只是为了繁殖，然后就死亡。

七鳃鳗的嘴巴被认为是所有动物中最丑的。在吃肉七鳃鳗的钩状牙齿中心，是一个类似于牙齿的结构，科学家恰如其分地称之为"活塞"。"活塞"上有3个咀嚼器，其中两个横向移动，另一个上下移动。"活塞"上有一个凸嘴结构，其中间是一颗很结实、也很大的牙齿，正是它让七鳃鳗能挖出猎物的皮肉。这颗中间大牙为 U 形，而吸血七鳃鳗的中间大牙为 W 形。吸血七鳃鳗的其他牙齿不如中间大牙大，但它们的大小基本相同，因此 W 形大牙充当的是锉刀而非挖刀，它能锉掉猎物的身体组织，便于吸血。

有两圈结构环绕七鳃鳗的口盘，其中之一是口伞毛；这些微型结构有一点点像叶片，它们能牢牢附着在皮肤上，留下很清晰的印记。环绕七鳃鳗口盘的另一条环由被称为乳突的锥状结构组成。七鳃鳗使用乳突来感知猎物身上的最佳附着点。这些乳突非常敏感，以至于吸血七鳃鳗能运用乳突觉察皮肉下面的血管。一旦七鳃鳗紧紧附着在猎物身上，它就会待在那里数小时到一整天甚至一个月，锉或挖，休息一会儿，然后又锉或挖。吸血七鳃鳗在折磨猎物后通常不会让猎物死。不过，仍有一些猎物死于感染。吃肉七鳃鳗则没有吸血七鳃鳗那么仁慈。吃肉七鳃鳗通常锁定那些成群的较小的鱼，如鲱鱼。它们在鲱鱼身上钻啊钻，一直钻到鲱鱼的骨头。鲱鱼最终死于大面积失血或感染，其身上会留下由七鳃鳗制造的大洞。甚至有时候猎物会被七鳃鳗搞得只剩骨架。

洄游鱼类

七鳃鳗绝大多数为典型的洄游性鱼类，只能在河川繁殖，秋季由海进入江河，在江河下游越冬，翌年 5～6 月，当水温达到 15℃左右时溯至上游繁殖。

在繁殖季节，雄七鳃鳗会在 1 米以下且石子多的地方停下来，诱引雌性，一旦有雌七鳃鳗经过，就会吸住其鳃穴并勒紧雌七鳃鳗，雌七鳃鳗则吸住旁边的岩石，产卵后，两者都会死去。每次产卵 8 万～10 万粒，卵孵化后，被称为"沙隐虫"的七鳃鳗的幼体没有眼睛，也没有吸盘，只能潜进河底泥土中，顺流伸出口，以吃浮游生物或泥土中的有机物为生，3～5 年后才会长出眼睛和吸盘。

[邮票上的七鳃鳗]

一盘七鳃鳗引发的战争

1135 年，在英格兰和诺曼底（当时受英国王室统治）之间发生了一场战争，引发战乱的不是被剥夺公民权的年轻人，而是一盘鱼。

前任英格兰国王亨利一世，由于过量食用七鳃鳗而死，在他去世之后，有资格继承王位的候选人开始了一场争夺权力的战争。

后来历史学家经过鉴别，证明这个故事是伪造的，但是也从侧面说明过量贪食七鳃鳗是有危险的，当然这点对当今的人们来说并不太可能，因为七鳃鳗鱼肉太昂贵了。

昂贵的美食

七鳃鳗一直是英国王室钟爱的美食之一，历史上英格兰国王理查德三世对食用七鳃鳗非常疯狂。每年的圣诞节，他都会前往赛文河边的格洛斯特小住，当地的居民们则心领神会地献上"佳肴"——七鳃鳗派。于是，在圣诞节吃七鳃鳗派便成了一项传统，一直延续到了维多利亚女王时代。

如果格洛斯特地区献上的"派"不够美味，国王会认为没有得到应有的尊重，整个格洛斯特还会因此受到王室的严惩。

七鳃鳗的"七寸"

俗话说"打蛇打七寸"，"七寸"这个位置对蛇而言是致命的，而七鳃鳗的"七寸"在尾部，如果只击打它的头部很难杀死它；但如果击打它的尾部，它就会立刻死亡。

[捕捉七鳃鳗——15 世纪]

❀ 1215 年签署《大宪章》的英格兰国王约翰，在他的臣属无法为王室餐桌提供足够的七鳃鳗时，展现出了标志性的残酷。格洛斯特城正是由于这种所谓的"轻慢"，被课以 40 马克的罚款，相当于今天的 25 万英镑。

❀ 伊丽莎白二世女王就曾收到格洛斯特市赠送的七鳃鳗派，以祝贺她的加冕，后来在她即位 25 周年和 50 周年时又各收到一个七鳃鳗派。

独角鲸

长 / 在 / 脑 / 门 / 上 / 的 / 牙 / 齿

在西方的神话传说中有一种奇异的动物——独角兽，它的额头中间长着一根螺旋状的特角，被欧洲人奉为神灵；在中国神话传说中，也有这样类似头上长着独角的动物，如貔貅"其身形如虎豹，其首尾似龙状，且头生一角并后仰"。这些长独角的动物都是出现在神话传说中，然而在寒冷的北极却生活着这样的一种动物——独角鲸。

[加拿大发行的独角鲸邮票]

[加拿大发行的独角鲸纪念币]

独角鲸又名一角鲸，是群居动物，主要生活在大西洋的北端和北冰洋海域，在格陵兰海也发现少量的独角鲸。大都在北极圈以北，以及冰帽的边缘；很少越过北纬70度以南。

独角鲸的头部小而圆，嘴喙不明显，颈部可以自如活动，胸鳍较短，末端会随着年龄往上弯曲，没有背鳍，尾鳍中央缺刻明显。尾鳍前缘随年龄向内凹，后缘随年龄向外突出。最大可活到50岁左右，体色会随着年龄显著地变化，初生者呈斑污灰色或棕灰色，然后随着成长慢慢变成紫灰色，青春期会出现白色斑块，成年期则在灰色的底色上带有黑色或者暗棕色的斑块；老鲸则几乎通体全白。

独角鲸的角并不是角而是牙齿

独角鲸的那个长长的角并不是人们所理解的那样，它也不是长在额头，而是从嘴里长出来的长牙。长牙大部分都是中空的，很脆弱。独角鲸的长牙同大

蠢萌的海洋生物 | 49

象和疣猪的弯曲牙齿不同，独角鲸的牙齿天生就是直的。

大多数雄独角鲸一岁后会从上颚左侧的牙齿中长出一根长牙，长牙的螺旋呈逆时针方向，平均长度为2米，也有少部分雄独角鲸会长出两颗长牙。大多数的雌鲸都没有长牙。

独角鲸群的组成方式

独角鲸喜欢群居生活。大部分会组成小族群一起生活，也有的超大族群能达到上百只独角鲸。它们之间的族群是有严格的分界的，一般雌鲸会和幼鲸组成群队，雄鲸和幼鲸也时常组成小团队，还有单独的雌鲸或者单独的雄鲸组成的独角鲸群，很少见到雌雄混搭的独角鲸群。

玩耍中确定地位

年轻的独角鲸平时会经常用长牙互相较量，发出的声音像两根木棍互击。它们的这种较量不是为了争夺什么，而是在玩耍打斗，都不会刺伤对方。但较年长的雄鲸之间的较量就激烈多了，经常弄得伤痕累累。一般会有两只以上的独角鲸参与打斗，有时旁边还有"观察员"，它们通过这种打斗的过程，慢慢确立在群体内的社会地位。

最强的雄鲸通常也是长牙最长、最粗者，可以与较多的雌鲸交配。

虽然独角鲸没有濒临灭绝的危险，但是它们的天敌也很多，比如虎鲸、海象、北极熊与鲨鱼等，最可怕的天敌是人类。

因纽特人捕杀独角鲸已经有好几个世纪了，他们获取独角鲸的长牙和厚皮，然后将皮作为美食享用（生食独角鲸皮是他们的传统），肉用来喂养爱斯基摩狗，鱼脂和肥油用来点灯和燃烧。

❋ [独角鲸的长牙]

独角鲸的长牙和人类的牙齿一样，里面有牙髓和神经，牙管里还有类似血浆的溶液，但人类的牙齿整个都是坚硬的，而独角鲸的长牙是外软内硬的。研究人员认为这种组织结构可以充当减振器，防止长牙的断裂。仔细看图还可以发现，这根长牙并不是光滑的，它长有螺旋花纹，独角鲸通过这种组织可以在几千米外感觉到海水的细小变化。

玻璃乌贼

神/奇/隐/身/术

玻璃乌贼就像它的名字一样，会将自己的身体变成接近透明状，并因此而得名。

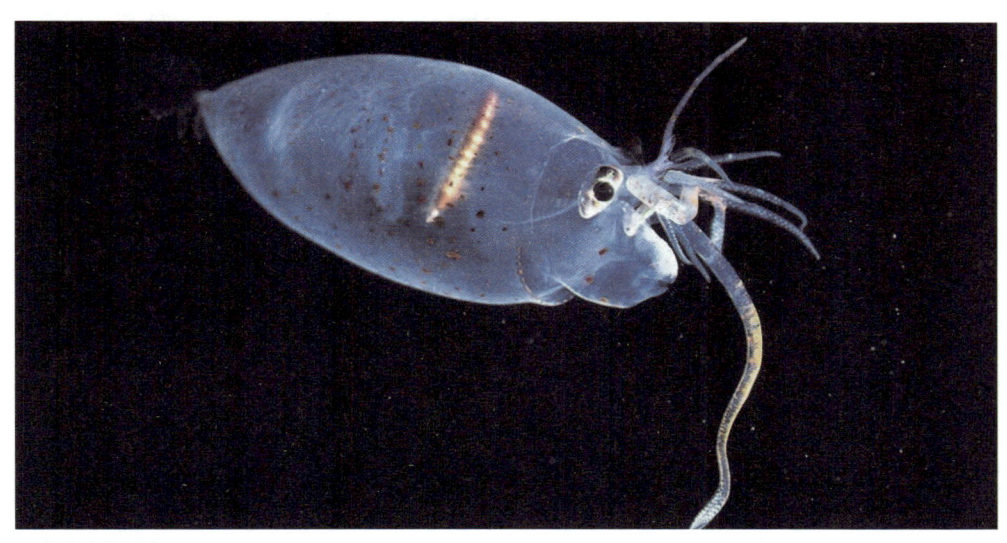

[玻璃乌贼]

玻璃乌贼与人们日常所见的乌贼相比，它们的头比较圆，嘴巴长在顶端，它们的皮肤（专业来说应该叫外套膜）带有许多可褪色斑点，这些大小不一的斑点里包裹着一些可以控制体色的物质。

如果太阳光均匀地照射进海水中，光线会从玻璃乌贼的身体中穿过，使它们几乎成为隐形。实际上，玻璃乌贼虽然看起来隐形，但还是会有一些透明组织能够被看到，于是许多捕食者就依靠它们来猎食玻璃乌贼。

玻璃乌贼是海洋中的绝对弱者，大部分的深海鱼类，几乎都拥有捕杀它们的能力。但是纵观整个生物界，哪有百分百的强者。玻璃乌贼虽然是弱者，但是当危险到来之时，它们会把自己吹得像皮球一样鼓鼓的，虽然无法攻击敌人，但是也可以吓唬一些猎食者。玻璃乌贼一般生活在600米漆黑的深海，这个深度生存的许多生物都会有生物光，而玻璃乌贼可以使得自己变得透明，和深海浑然一体，因为在深海只有黑色才是最佳的保护色。

吸血鬼乌贼

不/吸/血/的/吸/血/鬼

> 吸血鬼乌贼这个名字让人感觉不寒而栗，不过虽然它长相十分恐怖，但是它并不吸食人血，因为它完全是个吃素的。

深海一直是一个神秘的地方，而吸血鬼乌贼就生活在这样的一片区域中。

吸血鬼乌贼在网络中被称作"来自地狱的吸血鬼乌贼"，听起来很恐怖，其实它不吸人血，这只是它的学名而已。

吸血鬼乌贼身长约 30 厘米，颜色多为深红色或紫红色，有 8 只腕，两只鳍状物让它看起来有两只耳朵。让人难以想象的是，它仅 30 厘米的小小身躯上，长有特别不合比例的大眼睛（吸血鬼乌贼的眼睛有一条大狗的眼睛那么大），使它看上去面目可憎。

[吸血鬼乌贼]

得名原因

一艘德国科考船曾从 4 000 米的水下打捞上来一种怪异的生物。出水之后，它的表皮是黑色的，而眼睛却是红色的，与传说中的吸血鬼的形象非常相似，于是便得名吸血鬼乌贼。

海洋中的垃圾处理机

吸血鬼乌贼并不是靠捕猎，而是靠捡食上层海洋中下沉的腐肉及上层生物的粪便而存活。找到食物以后它们会用黏液包裹然后再吞食，所以它们又被称为海洋中的垃圾处理机，它们的生活方式与吸血鬼完全沾不上边！

保命技能——生物光

吸血鬼乌贼不捕猎，身材也比较娇小，那它们如何在海洋中保命呢？

对于这一点吸血鬼乌贼还是比较有智慧的，它们的武器是生物光。可是它们并不是简单的发光了事，而是在遇到敌人的时候，会先发出强光，然后再将光源渐渐缩小，造成渐渐远去、已经逃走的假象来迷惑敌人，然后再趁机逃走，这一招是不是比许多生物都更聪明？

鲎

拯/救/人/类/的/蓝/血/生/物

鲎是一种奇特的海洋生物，经过 4 亿年的时间推移，恐龙与三叶虫等许多生物都成为过去式，而它却依然保持着最原始的模样。

鲎 俗称鲎帆，又称马蹄蟹，但它不是蟹，而是与蝎、蜘蛛以及已灭绝的三叶虫有亲缘关系。鲎的祖先出现在地质历史时期古生代的奥陶纪，当时恐龙尚未崛起，原始鱼类刚刚问世，随着时间的推移和它同时代的生物或进化，或灭绝，唯独鲎从问世至今保留着原始而古老的风貌，因而它有"活化石"之称。它是地球上最古老的动物之一。

[鲎化石]
2008 年发现的鲎化石，距今 4.45 亿年。

> 最早的鲎化石见于奥陶纪（4.8 亿～4.4 亿年前），形态与现代鲎相似的鲎化石出现于侏罗纪（1.99 亿～1.45 亿年前）。

鲎主要分布于太平洋、西印度洋和东南亚等海域的沙质海底。

奇怪的身体

鲎有四只眼睛，单眼和复眼各两只，它的身体最前面部分是头胸部。这里呈丰满的月牙形，背面长着两个小小的复眼，它"脑门"中央还有一对更小的单眼。所有的 10 条腿长在头胸部的腹面。

鲎身体中间的梯形部分是腹部，两侧长着棘刺，腹面有生殖器官和鳃。腹部一页页的部分，学名叫"书鳃"。虽

[鲎]

我们都要萌萌哒

蠢萌的海洋生物 | 53

然不能呼吸，关键时刻还能肚皮朝上，用书鳃划水，游起"仰泳"来。

最后长得像一个剑样的尾部，名叫"尾剑"，主要用来在仰面朝天时一顶地，让身体翻过来，此外，雌鲎在产卵时也会用尾剑把身体支起来，使身下有空间可以排卵受精。

幼鲎没有尾剑，它的身体纵分成中央和两侧3个部分，很像三叶虫的幼虫，这也说明鲎与三叶虫有亲缘关系。幼鲎从拇指大小到成年要15年，雌鲎要蜕壳18次，雄鲎则是19次。

天然试剂

鲎的血液是蓝色的，含有铜离子。在19世纪中期，科学家们在鲎灰蓝色的血液中发现了一种凝血剂，它可以与细菌、毒素类物质发生反应，并在这些入侵物周围凝出一层厚厚的凝胶。

所以，科学家们将鲎的血液制成试剂，用来检测药品和医疗用品中是否含有杂质。先用鲎血制成试剂，再滴入注射液，若试剂立即凝固或变色，就说明注射液内含有使人发热、休克甚至死亡的细菌类毒素。

> 美国公共电视网（PBS）《自然》节目中报道："美国食品药品监督管理局（FDA）认证的每一种药物，以及心脏起搏器和假体装置等手术植入物，都必须通过鲎试剂的测定。"

> 1982年科教电影《蓝色的血液》在第12届西柏林绿色农业电影节上获金穗奖。这里的蓝色血液就是指鲎的血液。

[1928年，被用作肥料生产原料的鲎]
20世纪早期，在美国东北岸特拉华湾周围形成了这样一个有组织的产业：数以百万计的鲎被捕捉，碾成肥料，有的被用来喂猪。

交配繁衍

鲎会在每年夏季的初一或十五，潮水最高的时候上岸产卵。此时雄鲎身体上的复眼也会发生变化。在白天，它们视力低下，只能大概分辨移动的物体，看不清形状。但到了夜晚，大脑会向复眼发出信号，使复眼结构发生改变，于是，它对光的敏感度比白天增加了 100 万倍。

刚孵化出的鲎，没有后面长长的尾剑，它们不会立刻进入深海，而是先在岸上泥质滩涂上生活 8 ~ 9 年，然后才会进入深海。

中华鲎

在我国东南沿海，鲎曾经十分繁盛。福建金门有句俗话："水头鲎，古岗臭"，意思是水头（金门岛西南角）这个地方盛产鲎，多到连 3 千米外的古岗都能闻到臭味。

平潭岛曾是我国享誉世界的产鲎区，当地的中华鲎产量曾居全国第一，然而，由于福建人爱吃鲎，因为大量捕抓及其他各种原因，20 世纪末，平潭中国鲎已难觅踪迹，成为濒危物种。

如今中华鲎是国家二级保护动物，禁止任何单位或个人非法捕杀、收购和加工携带。

[鲎壳彩绘]
雌鲎和雄鲎一旦结为夫妻便形影不离，肥大的雌鲎常驮着瘦小的丈夫蹒跚而行。

[鲎壳蒸粉丝]

❀ 在交配时，一对鲎会抱在一起，即使被人打扰也不分离，所以它又收获了"海底鸳鸯"的美名。

❀《本草拾遗》："鲎，生南海。大小皆牝牡相随。"

我们都要萌萌哒

炉管海绵

真/实/版/本/的/"饼/干/怪/兽"

炉管海绵是一种海生生物，它凸出的眼睛、宽宽的大嘴、蓝色的外表，都像极了美国儿童节目《芝麻街》中的"饼干怪兽"。

[饼干怪兽]

[炉管海绵]

据英国《每日邮报》2013年9月22日报道，摄影师毛利西奥在加勒比海水域潜水时，意外拍到一种罕见动物——炉管海绵。炉管海绵的嘴和眼睛，实际上就是海绵的孔状身体结构，碰巧长成这样了。这个炉管海绵又碰巧被摄影师记录了下来。

美国儿童节目《芝麻街》里有个饼干怪兽：蓝色毛茸茸的外形，一双圆滚滚的大眼，手上永远有块饼干，深受许多人喜爱。在海洋深处也有种炉管海绵，长得跟饼干怪兽几乎一模一样。

炉管海绵和其他海绵一样都是海洋中古老的生物，它们是世界上结构最简单的多细胞动物。说它简单，是因为它既没有头，也没有尾，没有躯干和四肢，更没有神经和器官。炉管海绵生长在大西洋，特别是加勒比海域，主要以浮游生物为生。一组炉管海绵大约由20个"管子"组成，每个"管子"可达1.5米，需要生长几百年。近年来，由于石油泄漏和海洋生态污染，炉管海绵的数量在不断减少。

[炉管海绵正常的长相]

开口鲨
海/洋/"鳝/鱼"

开口鲨并不是人们印象中典型的鲨鱼的模样,它长得与鳝鱼极像,经常被误认为是鳝鱼。曾一度被认为灭绝了,可事实证明它还活着。

[开口鲨]

开口鲨学名皱鳃鲨,是鲨鱼中最原始的一种,无亚种分化,有"活化石"之称。主要分布于大西洋和太平洋深海海域。

海洋地狱天使

开口鲨身体两侧有六条鳃裂,这通常被认为是海洋生物中地狱天使的标志。它的鳃间隔延长而褶皱,且相互覆盖,所以命名为皱鳃鲨。开口鲨生活在水深1 500米左右的深海中,那里氧气浓度很低,所以它们进化出比其他鲨鱼更多的鳃裂,或许只有这样,才保证它们能畅通地呼吸。

开口鲨拥有300多颗牙齿

开口鲨的外形似鳗,却拥有300多颗、超过25排的锐利牙齿,而且嘴还能扩张,使得它能吞下自己身体一半体积大小的猎物。这样的外形配合那满嘴锐利的牙齿,被视为是凶恶的怪兽也就不足为怪了。

海底清洁工

开口鲨主要以沉入海底的腐肉为食,也会捕食鱼类。它们的下颌非常灵活,能够将整个猎物吞下。因为它们大量吞食沉入海底的腐肉,所以被誉为海底清洁工。

海洋活化石

对于开口鲨在地球上的存在时间,目前没有明确的结论,一种说法是存在了3.8亿年,另一说法是9 500万年,虽然两种说法一直存在争议,但开口鲨作为海洋中古老的生物之一是不容置疑的。

❋ 开口鲨是在海底生活的生物,有助于分解沉入海底的生物尸体。开口鲨和其他底栖生物一样扮演着重要的分解者的角色。

❋ 截至2008年,人类只在日本海岸附近发现过2条开口鲨,分别是19世纪末期和2007年。这两条史前生物般的鲨鱼都是由深海渔网在无意中捕到的。

我们都要萌萌哒

筐蛇尾

美/杜/莎/的/头/发

筐蛇尾又名蔓星鱼，因为其外形很像女妖美杜莎的头部，俗称女妖的头。

[筐蛇尾]

筐蛇尾主要分布于北冰洋和大西洋北部地区的南法罗群岛和美国的马萨诸塞州。它们生活于底质较硬的深水域，最常见的是在15～150米深的海底。科学家根据生物化石推算出最早的筐蛇尾见于泥盆纪。

狰狞的筐蛇尾

筐蛇尾属于蛇尾纲，其身体中央盘有长颗粒的厚皮，没有鳞片，身体上有5条腕，腕上各分出两条小腕，而每条小腕上又长出很多分支。腕和分支常缠绕成团，看起来就像许多条蛇盘绕在一起。成年筐蛇尾体重可达5千克。它的身体中央颜色比较深，越往分支颜色越浅。在腹部下方长满荆棘一样的小肉凸起，呈钩状，可以用来控制和处理食物残渣。就这副狰狞的样子，被形容成美杜莎一点也不为过。

奇特的进食方式

筐蛇尾主要吃腐肉和浮游生物，有时也捕捉相当大的动物。它们在白天通常选择躲在水下的隙缝间、洞穴或岩石底下，偶尔在水下看到它们，会以为是一团死珊瑚。到了晚上，它们会慢慢舒展开，每个腕上的分支都会尽可能地张开，形成篮子一样的网，就像渔民们撒下的网，捕捉经过的小生物。

自切部分腕足来换取生命

陆地上的壁虎在遇到紧急情况时，为了逃脱劲敌的捕获，就断掉尾巴逃跑，但是以后它还可以长出新的尾巴。这种奇怪的现象在筐蛇尾身上也时有发生。筐蛇尾也有很强的"自切"和再生能力，当筐蛇尾遇到天敌迫害时，它就会"自切"来迷惑敌人，凭借断掉部分腕足来换取整体的生存。而失掉的部分，不久又会重新再生出来，蛇尾类的"自切"和再生是它们得以生存所必不可少的手段。

当筐蛇尾断了部分腕足的时候，它就会分泌出一种激素使失去的部分长出来，这种激素被科学家称为成长素。筐蛇尾全身都含有再生性细胞，能通过成长素刺激细胞活跃，再长出新的腕足或者身体的大部分地方。除了前面说的壁虎，自然界中有再生能力的物种还有很多，比如蚯蚓等，身体断了，可以再长。

> 筐蛇尾是一类棘皮动物。棘皮动物门听起来是一种很专业的学术词语，但其实在海洋中非常常见，比如海星、海参等。这种生物是一种从寒武纪就出现的古老海洋生物。

> 我国古人对海洋的认识非常深刻，在《本草纲目》中有这样的记载："阳遂足生海中，色青黑、腹白，有五足，不知头尾，生时体软，死即干脆。"这里说的"阳遂足"就是筐蛇尾。

[邮票上的筐蛇尾]

蝰鱼

长/相/意/外/的/深/海/鱼

蝰鱼是一种小型暖水性深海发光鱼，其身体细小犹如蛇般，是海洋深处的凶猛捕食者之一，分布在全球的热带至温带海域。

[蝰鱼]

蝰鱼又名毒蛇鱼、蝰蛇鱼、凸齿鱼，属于辐鳍鱼纲、巨口鱼目、巨口鱼科、蝰鱼属。蝰鱼身体细长而侧扁，体长一般不超过35厘米，它的嘴可张开到正常大小的两倍，是海洋深处的凶猛捕食者之一。

不合常理的身材

蝰鱼有着蛇的外形，长长的身子顶着一个满嘴大牙的脑袋；在背鳍的位置长着一根长长的钓竿；在其体侧、背部、胸部、腹部和尾部均有发光器，长相非常奇特。

不协调的大长牙

蝰鱼的外形很让人"意外"，它有着蛇一样的身体，却配着一口极不协调的大牙，它们的牙长到无法安放在嘴里。用"犬牙交错"来形容蝰鱼一点都不为过，它们的上颚长着4颗尖牙，而下颚上有数不清的尖牙胡乱地扎出口外，向后一直弯曲都快碰到了眼睛。这种凌乱而尖利的牙齿使得蝰鱼的面目十分狰狞，也让蝰鱼成了捕猎高手。

凶恶的捕猎高手

蝰鱼在捕猎时，会静静地趴在海底，背上的鱼竿会轻轻地晃动，以吸引猎食者，它们的身体还会一闪一闪地发出光亮。蝰鱼会张开着满嘴獠牙的大嘴，并保持这个姿势一动不动地潜伏着，一旦有猎物靠近，它们会用牙齿牢牢地咬住猎物，其牙齿能像钉子一样深深地插入猎物的身体。蝰鱼的上下颚可以做大幅度的开闭运动，使得它们可以吞噬下体型较大的猎物。

蝰鱼这种"守株待兔"的捕食方式，在黑暗的水域中尤其奏效。

❋ 蝰鱼的上下颌可以张开到90度以上，食道和胃具有伸缩性，因而它能够吃掉比自身大许多的猎物。

❋ 蝰鱼是昼夜垂直洄游鱼类，白天的时候它们待在1 500米以下的海洋深处，晚上来到600米深的海层捕食，所以除非到深海潜水，否则看不到一条活着的蝰鱼。

Chapter 3
丑得让人心碎
——长相丑陋的海洋生物
Ugly is Heartbreaking

水滴鱼

丑 / 成 / 一 / 坨

水滴鱼又名忧伤鱼、软隐棘杜父鱼、波波鱼，由于长着一副哭丧脸，被称为"全世界表情最忧伤"的鱼。

[水滴鱼]
水滴鱼仿佛是来自《绿野仙踪》中的西方女巫，其丑成一坨的外表，略带一点"邪恶"，让人感觉这种生物并不属于地球。

水滴鱼有着蝌蚪状的体形，还有张扭曲的丑脸。它没有鱼鳔，使用鳃呼吸。主要生活在澳大利亚和塔斯马尼亚沿岸最深达 1 200 米的海底，它的身体呈凝胶状，可长到 30 厘米长。

身体比海水轻

在深海中，高强度的水压使得一般的鱼类用来保持浮力的鱼鳔很难有效的工作，然而缺乏肌肉的水滴鱼却能轻松地从深海浮起，这归功于它浑身由密度比水略小的凝胶状物质构成，身体比海水轻。

慵懒的在海底生活

水滴鱼大部分时间会趴在海底几乎静止不动，偶尔活动一下也是靠海水将

※ [水滴鱼]
渔民有时在深海作业时,会将水滴鱼捕捞上岸。但由于其外表过于丑陋,渔民在捕获水滴鱼后通常会将其放归大海。

※ [水滴鱼玩偶形象]
据悉,水滴鱼将成为英国丑陋动物保护协会的官方吉祥物。

其身躯带离原地,而后它们才会很不情愿地摆动肥硕的身躯,配合着水流移动身体。

水滴鱼在水下的游速不快,很少会主动追逐猎物,它们主要靠吞食面前的可食用物质为生。

孵化方式:趴在鱼卵上一动不动

水滴鱼的孵化方式与众不同,雌水滴鱼把卵产到浅海后便趴在鱼卵上一动不动,直到幼鱼孵出为止。

亟待保护的生存现状

澳大利亚和新西兰的深海捕鱼船是世界上最活跃的船队之一,由于他们大

丑得让人心碎

长相丑陋的海洋生物 | 63

肆在深海捕捞作业，水滴鱼正遭受灭绝的威胁。虽然水滴鱼本身肉质不适于食用，但水滴鱼在水下游速不快，使得它常常和其他鱼类一起被捕捞上来，连带着成为牺牲品。

"没有最丑，只有更丑"

为了保护濒危的丑陋动物，英国动物保护人士想了一个办法：发起"没有最丑，只有更丑"的"选丑"比赛。

2013年9月13日，据英国媒体报道，超过3 000人参加了由英国丑陋动物保护协会举办的一个世界最丑动物网上投票评选活动，水滴鱼以795票夺得冠军。

成名之后

水滴鱼被票选为世界上最丑的动物之后，名声大噪。

英国丑陋动物保护协会有意将水滴鱼指定为官方吉祥物。

有媒体报道，有商家筹备了一间叫"三只水滴鱼"的主题咖啡厅，主打能一边喝着咖啡、吃着东西，同时一边欣赏3只水滴鱼起居生活的玩法。

不过，有海洋生物学教授表示，深海鱼类都非常难以养殖，目前没有任何水族馆有能力养水滴鱼，因为这需要大量的专业技能才能让它们在水族馆里生存，这有可能只是店家开张的噱头。

但无论如何，人们的初衷始终是保护这虽然长得丑却很"温柔"的水滴鱼。

[咖啡厅三只"水滴鱼"的卡通形象]
三只水滴鱼的名字分别叫Lorcan、Barry和Lady Swift。

水滴鱼浑身由密度比水略小的凝胶状物质构成，这些物质对人体有害，所以是不能食用的。

斧头鱼
会/飞/的/鱼

斧头鱼又称星光鱼、燕子鱼、斧鱼，是一种可以"飞行"的鱼，野生的斧头鱼可以跃出水面，飞行数米远的距离，以躲避敌害的追捕。

丑得让人心碎

[斧头鱼]

斧头鱼这个名字，源于它们纤薄的体形，特别是胸部附近的轮廓，像极了斧头的刃，而且呈现银色的金属光泽。远远看去，就是一把锋利的斧头。

❀ 斧头鱼能跃出水面捕食水面的飞虫。

斧头鱼约有15种，长度都不超过10厘米，它们一般生活在水深150米以下的海域，最深可达数千米，遍布热带和温带海域。

斧头鱼并没有艳丽的色彩，它的体形奇特：头小，眼大，尾柄较平，腹部很大，酷似一把斧头。它们的腹侧有数群发光器，属于深海发光鱼类。斧头鱼是一种可以"飞行"的鱼，与我们常见的飞鱼的滑翔不同，它们在飞行的时候快速地摆动胸鳍，像蜂鸟一样。

斧头鱼是一种食肉性鱼类，同时也是一些大型鱼类的猎物，虽然长相恐怖，但它的性情并不凶恶，甚至有些温顺，喜欢在海洋上层活动，也常被作为观赏鱼养殖。

❀ 斧头鱼的踪迹遍布整个热带和温带海域，在苏里南原始部落的祖籍地，小船划过河面时，受惊的斧头鱼会从水面跃起，滑翔着从人们的耳边掠过。

长相丑陋的海洋生物 | 65

鮟鱇

世/界/上/最/丑/的/鱼

鮟鱇俗称结巴鱼、蛤蟆鱼、海蛤蟆、琵琶鱼等。它是世界性鱼类，在大西洋、太平洋和印度洋都有分布，被认为是世界上最丑的鱼之一。

鮟鱇外形丑陋，它的头部上方有个肉状突起，形似小灯笼。在它粉红色的皮肤上面，有一张裂到耳后的大嘴，口内有黑白斑纹，露出锋利的牙齿。

鮟鱇全身上下没有一片鱼鳞，体表上有许多凹凹凸凸的颗粒状物体，头顶和身体边缘有许多胶质轮廓。

鮟鱇一般体长40～60厘米，体重300～800克，广泛分布于三大洋和北冰洋，我国渤海、南海海域也有分布。

不太会游泳的鱼

鮟鱇身体的前半部形似圆盘，像块大饼，伏贴在充满泥土和细砂的海底，"大

> 鮟鱇的胃大而有弹性，某些种类的鮟鱇能吃下比自己大的鱼类。

[鮟鱇]

[邮票上的鮟鱇]

据说在日本，鮟鱇是与河豚齐名的神物，有"关东鮟鱇，关西河豚"之说。究其原因，一来是它们可食用的时间短暂、有限，二来它俩的味道都是奇鲜。吃河豚通常是在"竹外桃花三两枝"的春季，而鮟鱇每年只在11月中旬到次年2月初才游到海面觅食，很难捕捞。体长1.2米以上的大型鮟鱇价格昂贵，据说1磅肉能卖上百美元。所以在日本，冬季吃一次鮟鱇，算是很奢侈的事。

[鮟鱇]

饼"两边长出臂鳍，尾部呈柱状，末端生尾鳍。鮟鱇不太会游泳，在水里主要靠两条臂鳍撑地爬行，通过摆动尾鳍来调节前进方向。

自带鱼竿的发光鱼

鮟鱇喜欢栖息在没有光线的海底。

为了适应环境，它们身体布满了斑点和条纹，并且头顶上长有发光的"小灯笼"。"小灯笼"内有腺细胞，能够分泌光素，光素在光素酶的催化下与氧进行缓慢的化学氧化而发光。深海中有很多鱼都有趋光性，于是"小灯笼"就成了鮟鱇引诱猎物的利器。

鮟鱇在捕食时，会左右来回摇晃头顶上发光的"小灯笼"，小鱼小虾就像是被施了魔法一样，主动靠拢过来，成了它的美餐。

一切事物都有两面性，鮟鱇的"小灯笼"能吸引小鱼小虾，也会吸引来凶猛的捕食者，遇到这样的情况，鮟鱇会迅速地把自己的"小灯笼"塞回嘴里，顿时海洋中一片黑暗，它会趁机靠臂鳍撑地悄悄爬离危险之地。

鮟鱇奇妙的繁殖方式

雄鮟鱇生活在深海，一般很难被发现，它们体型很小。雌鮟鱇的体型要比雄鮟鱇的大很多，最大的可以达到50倍。

雄鮟鱇长到足以进行交配的时候会失去消化系统。此时它们就会在海底四处寻觅雌鮟鱇，一旦遇到雌鱼，雄鱼就

丑得让人心碎

长相丑陋的海洋生物 | 67

会冲上去咬破雌鱼的腹部组织，释放出一种酶，使得雄鱼的牙齿慢慢融入雌鱼的皮肤里。之后，雄鮟鱇的器官也慢慢融入雌鱼体内，两条鮟鱇慢慢地融为一体。两条鱼的血管组织会相互连接，雌鱼消化猎物后，其中一部分营养也会被雄鱼吸收。最终，雄鱼化作雌鮟鱇身体上的一个小疙瘩，唯一留下的只是它的一对睾丸，以备雌鱼在排卵时自动受精。所以，这才是终极版的"我要与你在一起"。

鮟鱇不喜欢合群生活，所以一般很难遇到异性。有些雄鱼一直无法遇到雌鱼，它们就会变性为雌鱼，等待雄鱼出现。

海底鹅肝

鮟鱇富含钙、磷、铁等多种微量元素，除此之外，它的鱼肉还富含维生素 A 和维生素 C。其尾部肌肉可供鲜食或加工制作鱼松等，其鱼肚、鱼子均是高营养食品，皮可制胶，肝可提取鱼肝油，鱼骨是加工明骨鱼粉的原料。

鮟鱇的肉质紧密如同龙虾般，结实不松散，纤维弹性十足，鲜美更胜一般鱼肉，胶原蛋白十分丰富。

在欧洲，鮟鱇是一种重要的食用鱼。

[长头梦想家]

这条被称为"长头梦想家"的鮟鱇是直到最近才在格陵兰岛附近海域发现的奇怪物种，它看起来就好像是来自科幻电影中的外星动物，长相相当恐怖。事实上，这种鱼并不像它看起来那样恐怖，它其实只有 17 厘米长。

❋ 鮟鱇在有些地区被称为老人鱼，因其叫声与老人的咳嗽声极其相似，故而得名。

❋ 经常食鮟鱇的肝脏，有助于保护视力，预防肝脏疾病发生。

在日本关东，鮟鱇被喻为人间极品，有所谓"西有河豚、东有鮟鱇"之称。日本人喜爱吃鮟鱇火锅，尤其是在冬天。除了火锅，日本人还会以鮟鱇鱼肝作为寿司，而鮟鱇鱼肝更有海底鹅肝之称。在我国东南沿海的福建等地鮟鱇也被作为食用鱼类。

尖牙鱼

长 / 相 / 恐 / 怖

尖牙鱼又叫角高体金眼鲷，因牙大而得名，它的脑袋上左右两颗牙齿实在太大了，以至于不得不在其脑袋左右两侧各留出一个"牙槽"，才能将大嘴合上。

丑得让人心碎

尖牙鱼的外形非常丑陋，有着大大的牙齿，与其身材比例相比，其尖牙可能是海洋鱼类中最大的，因此得到"食人魔鱼"的外号。

虽然外貌恐怖，但要碰见尖牙鱼并不容易，因为它们主要生活在近5 000米深的热带和温带海洋的深处。这里的水压大得可怕，温度接近冰点，食物缺乏，因此尖牙鱼见到什么就吃什么，它们的食物多是从上面几层海洋落下来的。

成年尖牙鱼和幼鱼看起来差别很大，幼鱼的头骨长，是浅灰色的，而成年尖牙鱼大头大嘴，颜色从深棕到黑色。幼鱼要长到8厘米左右才有成年鱼的样子，幼鱼吃甲壳动物，而成年鱼吃鱼。

> 尖牙鱼体长15厘米左右，拥有与身体极不相称的大牙，因此有些体型比它们庞大的鱼类也成了其盘中餐。

[尖牙鱼]

长相丑陋的海洋生物 | 69

精灵鲨

巫/婆/的/长/鼻/子

精灵鲨学名叫欧氏尖吻鲛，它外形丑陋，像是一种从童话世界中走出的深海怪物。

[精灵鲨]

精灵鲨又叫欧氏尖吻鲛、欧氏尖吻鲨、加布林鲨，外形丑陋，头顶长了一只长鼻子，嘴里有锋利的牙齿，主要出没于日本、印度洋和南非周围海域。

巫婆的长鼻子

精灵鲨就像传说中的妖怪一样，喜欢出没于阳光照射不到的深海。它不仅生活习惯与妖怪相似，就连长相也是。

> "加布林"是西方神话故事里的一种生物，在东方语言中并没有等同的概念，所以不同的作品对这种生物有不同的译名，有译作鬼怪、恶鬼、小妖怪、妖精、地精（其实地精和加布林是有区别的）等不同名称，也有音译作哥布林或高扁。

[精灵鲨造型的工艺品]

丑得让人心碎

精灵鲨浑身没有鳞片，有着粉红色的皮肤，头上顶着一个长长的鼻子，鼻子下裂开的大嘴里，稀疏而锋利的牙齿更为它丑陋的外形"锦上添花"。

▲ 精灵鲨的皮肤极薄，因为缺少色素而呈半透明状，这让它的鲜红肌肉清晰可见，也是其浑身呈粉红色的主要原因。

慢吞吞的捕猎

精灵鲨的外皮松软，不像其他鲨鱼一样有非常发达的肌肉。精灵鲨没有鱼鳔，它是通过肝脏里的脂肪来调节浮力的，所以行动缓慢。

精灵鲨的食物以硬骨鱼、乌贼和甲壳动物为主，它们捕食时，会悄悄地停留在黑暗的海中，通过长鼻子里丰富的感应器观察周围的一切。一旦有猎物靠近，其下颚会急速充气而膨胀，这使得它的嘴内部在捕食的瞬间呈近似真空状态，在空气压力的推动下，海水和猎物会一起涌进它的口中。精灵鲨嘴中的利牙会快速将猎物咬碎并吞噬。

神秘的活化石

精灵鲨的外表颜色呈粉红色，在水中呈现为黑色，这让它们在深海中几乎隐形，它们隐藏在深海中，行踪十分的诡秘，这也让它们延续了1.25亿年。有关精灵鲨的最早记录是1898年，在日本横滨抓到了一条完整的标本，此后又陆续在太平洋、大西洋的各个地方抓到过。对于它的习性等信息，人们了解得非常有限，甚至连它们可以活多久、长多大都不是很清楚。

[邮票上的精灵鲨]

长相丑陋的海洋生物 | 71

勃氏新热鳚

超/级/大/嘴

勃氏新热鳚平均体长约 30 厘米，是一种凶猛的鱼类，拥有一张让人无法想象的大嘴，主要分布在东太平洋北美洲沿岸海域。

勃氏新热鳚是一种凶猛的鱼类，生活在水深 3~70 米处，往往躲藏在岩石缝隙中。它们有着极强的领地意识，会与入侵领地的任何生物搏斗，即便是同类也不容许，彼此间会用大嘴啄食搏斗。

勃氏新热鳚在幼鱼时期的外形、姿态和长印鱼很像，会伴随大型鱼一同游动。体型变大后，身上的花纹会变淡。它是昼行、肉食性洄游鱼类，以鱼及甲壳类动物为食，寿命长达 15 岁。

勃氏新热鳚在捕猎时，会在岩缝中等待很久，静静地等着猎物的靠近，确定距离足够时猛然张开大嘴，一口吞下猎物。

[张开大嘴的勃氏新热鳚]

[电影《铁血战士》剧照]
当勃氏新热鳚张开嘴巴时，不得不说很像铁血战士。

[未张嘴的勃氏新热鳚]

海猪

圆/滚/滚、/肥/嘟/嘟

海猪长相奇特，有 5~7 对脚，因为肥硕的身躯而被称作海猪，通常栖息于水深超过 1 000 米的海床上。

海猪学名叫管足，是一种长得圆滚滚、肥嘟嘟，还有奇怪触手的生物，是海参的近亲，主要分布在西太平洋、印度洋、日本海和中国沿海等热带至暖温带水域。

海猪生活在深海底泥表层，喜欢群居。它们的头部都会朝着水流方向，这样是为了方便进食。它们的食物主要来源是从上层海水沉降下来的有机物质或者微生物等。

海猪发现食物后，会用触手抓取食物送入口中，食物在它的消化道内被消化液分解，机体吸收其中的营养，食物残渣会通过肛门排出体外。

海猪就像是"一层皮"包裹着体内复杂的水管系统，它的呼吸、排泄、运动都依赖这套系统，所以看上去它的身体里好像全是水。实际上，海猪体内除了水管系统，还有神经、消化、循环和生殖系统等。

海猪的表皮虽然有毒，但是却很容易被寄生虫侵害，因此它们的生命很脆弱，可能戳一下就死了。

[海猪]

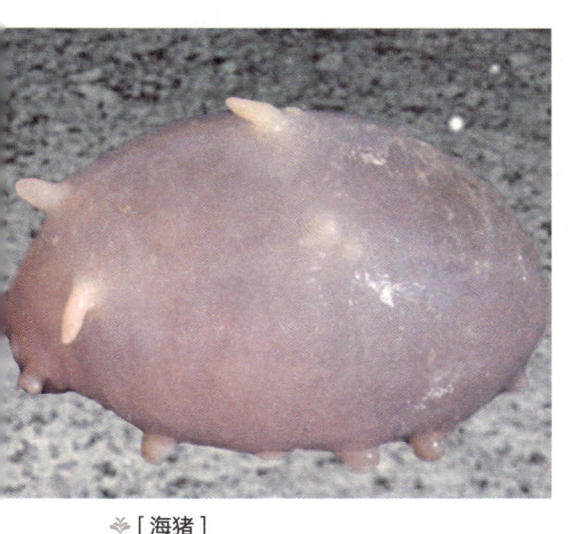

[海猪]
海猪的体型不大，像上图这种球形海猪最大也只能长到成人的手掌大小。

❈ 海猪生活在海洋底部，以海底淤泥中的微生物或矿物质为食。直到现在科学家们也没能发现它成功生活在深海的秘密。

丑得让人心碎

长相丑陋的海洋生物 | 73

无脸鱼

这/个/家/伙/有/点/丑

海洋生物的长相有时完全颠覆人们的想象，真的是"只有想不到，没有丑不到"。在澳大利亚东海岸有一种无脸鱼，这种鱼外形奇怪，它的面部结构模糊，没有眼睛和鼻子，是深海鱼类的一种。

日本动画电影《千与千寻》中，有一个神秘的鬼怪：全身黑色、头戴一个白色面具的无脸男。这个角色是由动画大师宫崎骏创造出来的，在大海的深处也有一种生物如同无脸男一样，让人觉得神秘莫测……

发现了一个新物种

2017年5月末，有科学家在澳大利亚东海岸进行的一次海洋考察中，在4000米深处发现了一个新物种"无脸鱼"。

无脸鱼头部光滑，眼睛已经完全消失，有着两个巨大的鼻孔，头部下面是一个相对较小的嘴部结构，里面充满了密集分布的牙齿，能够吞食多种甲壳纲动物。

并非新物种

这种丑陋的鱼其实早在百年之前就曾现世。

有记载显示，在19世纪70年代，英国皇家海军研究船"挑战者"号的船

[《千与千寻》中的无脸男]

无脸男，又叫"无颜"或"无脸鬼"，他表面看起来很可怕，其实心地非常善良。他跟现代社会里的人们一样，渴望交到朋友。因为受到千寻的帮助而对千寻有了很深的感情。

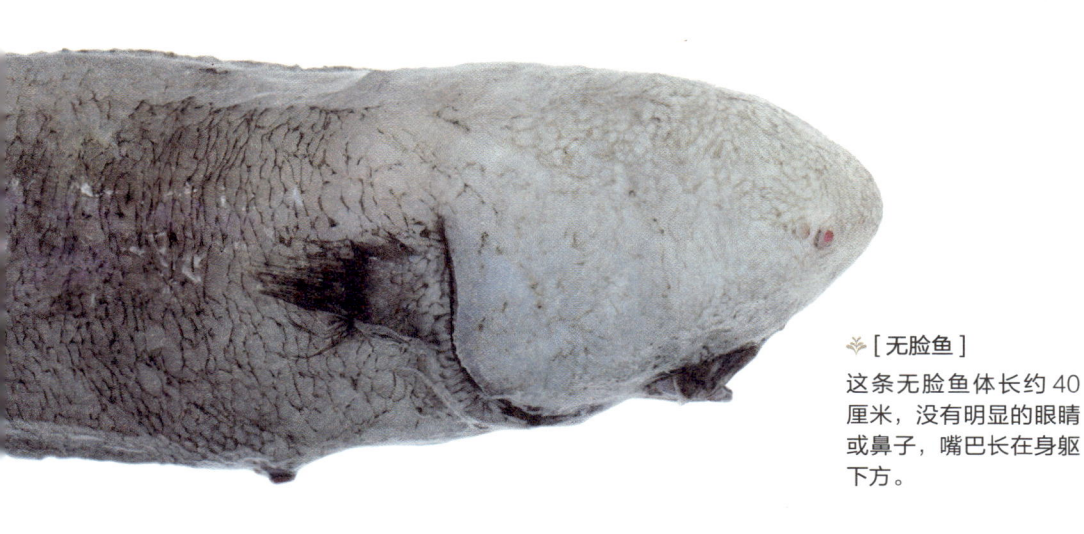

※ [无脸鱼]
这条无脸鱼体长约40厘米，没有明显的眼睛或鼻子，嘴巴长在身躯下方。

丑得让人心碎

员曾在珊瑚海抓到过这种鱼，并且有当时的图片资料为证。只不过当时的人们并没有关注这个长相怪异的物种。

实为深海鳕鳗

经过科学家的研究发现，无脸鱼并非新的物种，而是鳕鳗的一个种类。因常年生活在深海之中，那里没有光线，不需要通过眼睛来探知方向，那里极度寒冷，并且还有着强大的压力，为了适应深海生存，这种鳕鳗的体形和外貌进化得异常怪异。

无脸鱼常年生活在深海海底，不轻易潜出海面，所以很少被人看见。虽然它们存在于海洋之中的时间很长，但是在人类看来它还是像新物种一样新奇。

※ [常见的鳕鳗]

红唇蝙蝠鱼

行/走/的/性/感/妖/精

红唇蝙蝠鱼身体扁平，体长约 25 厘米，头平扁、宽大，有一抹烈焰红唇，周围还长有白色的"胡子"，从上方看体形像蝙蝠，因而得名。

红唇蝙蝠鱼体长可达 25 厘米，身体扁平，体色一般为浅棕色，在头顶通常有一道深棕色的条纹，沿着背部一直延伸到尾巴处。成年后的红唇蝙蝠鱼的背鳍会变成一个棘状突起，科学家推测它具有诱捕猎物的功能。红唇蝙蝠鱼还有一抹极为醒目的红唇，像涂了口红一样鲜艳，另外，它们的嘴周还有一圈白色的胡子。喜欢栖息在浅海，偶尔会在深水中活动，是加拉帕戈斯群岛的特有物种。

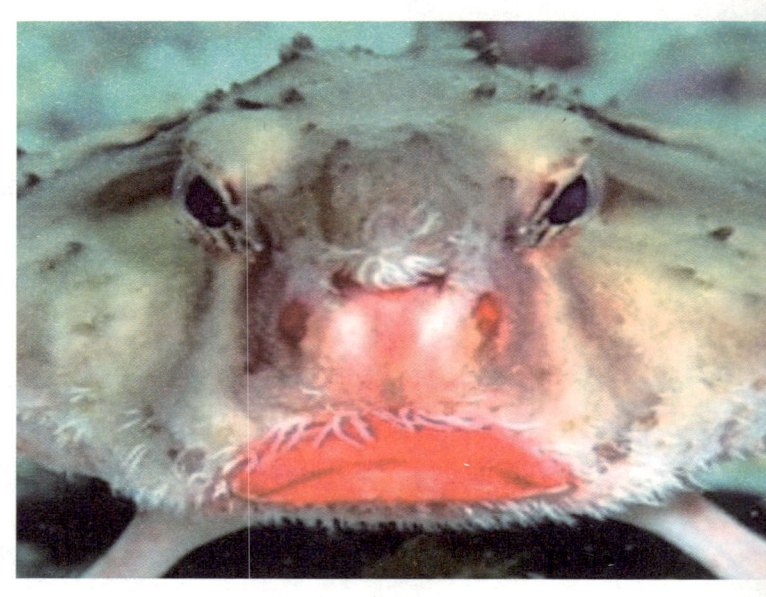

[红唇蝙蝠鱼的红唇]
红唇蝙蝠鱼学名叫达氏蝙蝠鱼，它的嘴唇四周长着一圈毛茸茸的白胡子，而且它背上的皮肤像砂纸一样，上面还长着小刺。

烈焰红唇

红唇蝙蝠鱼以"烈焰红唇"闻名，目前尚不清楚这种红唇对它们而言有什么作用。

有人认为这抹红唇是为了吸引异性，可它生活在漆黑的海底，伸手不见五指，看都看不见又如何吸引异性呢？也有人

红唇蝙蝠鱼是食肉动物，主要以移动底栖蠕虫、虾或螃蟹等甲壳动物、腹足类及双壳类动物为食。它们习惯在沙床中停留，并且能够很好地与沙质洋底融合，将自己伪装起来不被猎食。

76 | 长相丑陋的海洋生物

丑得让人心碎

❦ [走路的红唇蝙蝠鱼]
红唇蝙蝠鱼生活在加拉帕戈斯群岛海域，通常栖息在浅海，偶尔会在深水中活动。它们以小鱼及无脊椎动物等为食，利用头部上方的棘状触手来诱捕猎物。

❦ [红唇蝙蝠鱼造型的毛绒玩具]

❦ 蝙蝠鱼是有效抑制海藻滋长的众多鱼类中的一种，它吃海藻的能力不亚于鹦嘴鱼和刺尾鱼，甚至还能除去较大颗的海藻。

认为是为了诱捕猎物，可事实上红唇蝙蝠鱼主要依靠背鳍的触手吸引猎物。这抹红唇到底有什么用，众说纷纭，或者人们应该对红唇蝙蝠鱼抱以浪漫的想象，这抹红唇也许只是它的一种自然装饰。

海底行走

自然界中的鱼类，绝大部分是靠"游"来活动的，可红唇蝙蝠鱼却不是游动的。

红唇蝙蝠鱼胸鳍的支鳍骨发生了变化，变成了"手臂"一般，被称为"假臂"。假臂末端的鳍可以向前弯折，这对胸鳍就变成了一对胳膊，而它的腹鳍生长在喉的位置，这样两对胸鳍和两对腹鳍就像四肢一样，能够支撑起身体，就是靠着这样的"装备"，它们可以在海底自如行走。

长相丑陋的海洋生物

Chapter 4
奇幻魅影
——长相奇特的海洋生物

Phantom Phantom

裸海蝶

冰/海/天/使

裸海蝶是一种浮游生物，生活在北极和南极等较为寒冷海域的冰层之下，通体透明，在水中缓缓飘动，被誉为"浮在凌空中的天使"，因其长相魅惑，又被称为海天使。

[裸海蝶]

裸海蝶又被称为海天使，是一种翼足类软体动物。分布于北太平洋和北大西洋海域，主要集中在南极和北极附近的冰冷海水中，当天气回暖、海水温度升高时，它们会浮游聚集在冰层之下。裸海蝶不是水母也不是萤火虫，而是一种浮游生物，属于海若螺科，它们挥动飘逸的翅膀，终身飘浮在结冰的海水之下。

个头不大还是个食肉动物

裸海蝶全身呈半透明状，长度只有人类小指一节的大小，身体中央有着红色的消化器官，这为它增添了一种仙气。

不过美丽的外表无法掩盖其食肉的本性，裸海蝶多以浮游性卷贝为食，一旦发现猎物，它会飞快逼近，张开头部，并从咽喉中伸出6条触手，将猎物困住，使其无法逃脱。裸海蝶的触手随后会改变姿势，将卷贝类猎物的开口对准自己的口器，然后从口器中伸出一对倒钩，将食物拉入腹内，慢慢消化。

发育期的裸海蝶喜欢吃素，捕食些微小的浮游藻类，长大后成为凶狠的掠食者，特别喜欢捕食有壳翼足类家族中的特定物种，也就是它的表亲。

雌雄同体

裸海蝶为雌雄同体生物，但是它们却不能完成自我受精，必须跟其他同类进行交配才能繁殖后代。交配时，两只裸海蝶会结合在一起，互相为对方的卵子受精。经过一段时间，裸海蝶幼仔才能破壳而出，幼年时期，有着外壳的保护，慢慢长大后外壳退化，足部渐渐变为透明的翅膀。通过挥舞翅膀，裸海蝶可以在海洋中自在畅游。

※ 2009年，日本兵库县但马附近海域发现一批神秘的客人——裸海蝶。至于这些冰海精灵来到这里的原因并没有合理的解释，由于日本海水相对比较温暖，裸海蝶并不能完全适应环境，而后大量死亡。

奇幻魅影

长相奇特的海洋生物 | 79

蓝龙

大/西/洋/海/神

蓝龙即大西洋海神海蛞蝓，和其他种类的海蛞蝓一样，这种生物的长相突破了人们的想象，被称作"大西洋海神"的蓝龙，因其外形像是希腊神话中的海神格劳科斯而得名。

大西洋海神

希腊神话中的海神格劳科斯，因为吃下了神奇的草而得到了永生，但是他的双手却长了鱼鳍，双腿变成了尾巴。

蓝龙的外形就像是格劳科斯的形象一般。其蓝色的身体仅有几厘米长，背部皮肤有一层薄薄的皮，呈白色，并附有珍珠般的光泽。它的身体两侧并非像鱼鳍一样的片状，而是有着放射状的露

[蓝龙]
蓝龙又称海燕，是海蛞蝓的一种。

蓝龙大小可长达3厘米，主要为漂浮性物种，经常随着潮流和僧帽水母、银币水母一起出现。

蓝龙是雌雄同体的生物，多数在秋天交配，交配时腹侧相贴，交配后两只海蛞蝓均会产卵。

[邮票上的蓝龙]

腮，这样的露腮多达 84 个，它们会将食用的水母等食物的刺细胞储存在露腮中。

蓝龙虽美，但不可碰触

蓝龙体态优雅，颜色艳丽，颇像是经过精心设计的科幻生物。主要分布于泛热带海域，具体包括东非和南非南海岸、欧洲东海岸、秘鲁、澳大利亚、印度和莫桑比克周边海域。水温合适时（即水温在 16～21℃时），蓝龙会大吃特吃，

❋ 蓝龙没有腹足，而是演化为在海水表层漂浮，同时具备一定的自主游泳能力。

通常以水螅虫、水母等为主食，因此它的身体中存储了大量的水母毒素。当水温低于 13℃或高于 21℃时，它们会停止进食。

当遇到敌人或受到威胁时，它们就会像水母一样放毒，所以蓝龙虽美，但千万不要碰触哦！

[蓝龙的食物——葡萄牙战舰水母]

奇幻魅影

长相奇特的海洋生物 | 81

圣诞树蠕虫

海/洋/圣/诞/树

圣诞树蠕虫是管虫的一种，体型很小，拥有许多种颜色，如黄色、橙色、蓝色和白色等，常栖息于珊瑚之上，它们广泛分布于世界各地的热带海洋。

圣诞树蠕虫又称为圣诞树管虫，是一种有很多管子状绒毛的蠕虫，其最大的特点是有两个螺旋状的树形凸起，常把珊瑚礁作为它的天然庇护所，足迹遍布世界各地的热带海洋。

成双成对的圣诞树

圣诞树蠕虫之所以得名，是因为它们会制造出2个同色的螺旋树状凸起，而且都会成双成对的出现，这两棵"圣诞树"实际上是一只蠕虫的"冠"，利用它可以帮助蠕虫呼吸及猎食。

胆小敏感的圣诞树蠕虫

圣诞树蠕虫的树状结构，可以帮助它捕食水中的悬浮颗粒和浮游生物，还可以用来呼吸。利用圣诞树可以精准地感受水中的变化，如果遇到接触或干扰，圣诞树蠕虫会迅速将圣诞树缩回到洞穴，通常一分钟后，它们会慢慢地重新出现，然后在水中充分伸展它们的羽毛。

[圣诞树蠕虫]

[邮票上的圣诞树蠕虫]

圣诞树蠕虫有着美丽、丰富多彩的羽毛或触须，用来被动捕食在水中的悬浮颗粒和浮游生物。

气泡珊瑚

最/美/珊/瑚

气泡珊瑚会在白天张开气泡，就像一颗颗晶莹的珍珠；泄气时则能够看见它们的骨架，气泡珊瑚由此而得名。

[气泡珊瑚]

气泡珊瑚俗称泡囊珊瑚、气泡，属于大水螅体硬珊瑚。珊瑚虫呈白色、绿色或黄色气泡状，其触手具有捕食功能，有毒性很强的刺细胞，处理和采集时要格外小心，而且它们还十分脆弱，一碰就碎。

气泡珊瑚分布在太平洋、大西洋、加勒比海沿岸水深30米以内的水域，拥有非常丰富的颜色，有紫色、白色、绿色、蓝色或褐色，深受玩水一族的喜爱。

气泡簇

在白天有光照射时，气泡珊瑚呈白

色或黄色气泡状，仔细看可以发现，还会稍微有些透明的光泽，这让它看起来像珍珠；但到了入夜泄气之后，气泡珊瑚会伸出一只只触手捕食。

海洋建筑师

在热带地区，气泡珊瑚繁殖迅速，生长快，老的不断死去，新的不断成长，其骨骼也随之增添扩大，积沙成塔，由小到大，年深月久，就成为硕大的珊瑚礁和珊瑚岛了。我国南海的东沙群岛和西沙群岛、印度洋的马尔代夫岛、南太平洋的斐济岛以及闻名世界的大堡礁，都是其建造的。

[白色气泡珊瑚]

玩水族的宠物

气泡珊瑚漂亮、易养，是水族爱好者的最爱，但要注意，它富有攻击性，会使用长长的触须蜇刺靠近的珊瑚；当饲养者用手拿它时，也很容易被其触须蜇伤，因此放入缸时要注意位置。为了保证其健康生长，还需要中等的光照及弱的水流。水中需要添加钙、锶及其他微量元素。

气泡珊瑚除了具有很多美丽的气泡，它们还极具攻击性，需要自己的空间，而且需要吃肉类食物。

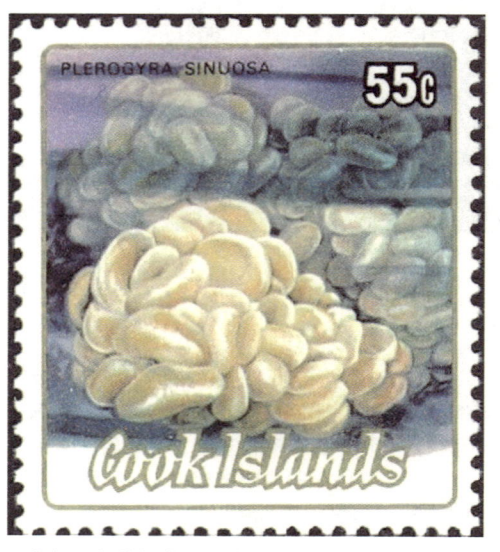

[邮票上的气泡珊瑚]

[丁香水螅体]

丁香水螅体

令/人/惊/艳/的/海/底/生/物

丁香水螅体也叫手套水螅体,其外观美貌并且颜色艳丽,主要分布于印度洋和太平洋海域。

丁香水螅体有八根触须,每根触须上也长满分支,分布工整,造型美观,并且在触须与分支上,有明显的颜色变化,娇艳得让人怀疑自己的眼睛。丁香水螅体颜色丰富,有棕色、红色、粉色、白色和绿色等,靠进食碘、糠虾、浮游微生物和微量元素为生,需要中等量的光线,通常成群结队地占领珊瑚礁和石头。

长相奇特的海洋生物

火烈鸟舌蜗牛

漂/亮/的/伪/装/者

火烈鸟舌蜗牛是一种栖息于大西洋和加勒比海的蜗牛，它们拥有美丽的外表，被称为最美丽的海底伪装者。

一眼看去，火烈鸟舌蜗牛身体表面布满了美丽的图案，颜色鲜艳，被称为最美丽的海底伪装者。

火烈鸟舌蜗牛主要以有毒的柳珊瑚为食，但自己却毫发无伤，而且越是进食有毒物质，它的周身颜色越是鲜艳。

这些漂亮的图案并没有长在蜗牛的壳上，包裹它们身体的只是一层活性组织，也就是火烈鸟舌蜗牛的外套膜，这层物质含有毒素，可以抵抗那些掠食者，同时还能保证火烈鸟舌蜗牛的呼吸。火烈鸟舌蜗牛死亡后，没有营养物质滋养的外套膜便会脱落，美丽的图案也就不复存在，只剩下与普通外壳一般无二的外壳。

❋ 受到攻击和惊吓时，火烈鸟舌蜗牛会收起绚丽的外表，它或许是唯一一种在惊恐状态下更低调的海洋生物。

❋ [火烈鸟舌蜗牛]

蟠虎螺

海/洋/蝴/蝶

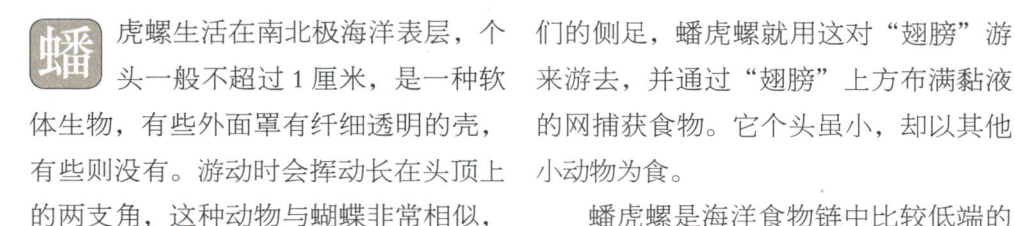

蟠虎螺生活在南北两极的冰冷海水中,是一种翼足类生物,因为头顶上长着两支像豌豆的角,与鸟类的翅膀非常相似,又被称为海蝴蝶。

蟠虎螺生活在南北极海洋表层,个头一般不超过1厘米,是一种软体生物,有些外面罩有纤细透明的壳,有些则没有。游动时会挥动长在头顶上的两支角,这种动物与蝴蝶非常相似,所以又被称为海蝴蝶。

蟠虎螺最吸引人眼球的就是它们头顶上一对像翅膀一样的翼状瓣,那是它们的侧足,蟠虎螺就用这对"翅膀"游来游去,并通过"翅膀"上方布满黏液的网捕获食物。它个头虽小,却以其他小动物为食。

蟠虎螺是海洋食物链中比较低端的生物,但却非常重要,通过食物层层传递,无论是岸上的北极熊,还是海洋里的鱼类都离不开它们。

[蟠虎螺]
蟠虎螺是生活在食物链底端的生物,其天敌包括海天使。

奇幻魅影

长相奇特的海洋生物

栉水母

流/光/溢/彩

栉水母是一种海洋无脊椎动物，身体呈中心对称的放射状，透明的身体让它在白天几乎处于"隐形"状态，到了夜晚时它会发出柔和的生物光，简直如外星生物一般。

栉水母又叫海胡桃、猫眼，属辐射对称动物，现被划分为栉水母动物门。它是一种类似于水母的海洋无脊椎动物。

全世界大约有150种

栉水母广泛分布于世界各地的海域，全世界大约有150种栉水母，另外还有40~50种尚未被命名，它们身体透明，呈球形、卵圆形、扁平形等。

依靠纤毛前进

栉水母沿着身体的长度方向长着八行像梳子一样的栉板，栉板上长着短短的纤毛，栉水母不擅长游泳，但它们能够依靠这些短短的纤毛，移动到想去的地方。

独一无二的"外星大脑"

栉水母不仅可以依靠纤毛移动身体，它还拥有发达的神经系统，而且拥有独一无二的外星生物式的大脑，因为这种大脑有再生能力。

栉水母若因外伤使得大脑受损，它会在3天内再生一个基本大脑。可见，

[栉水母]

栉水母基本都是无色的，透明的栉水母漂浮在水中，依靠生物光将自己打扮得流光溢彩。

❋ 栉水母名为水母，但并不是真正的水母，而是一类两胚层动物，属于辐射对称动物。

❋ 多数栉水母都是无色的，但瓜水母是粉红色的，爱神带水母则呈柔和的紫罗兰色。

栉水母的神经系统采用了与地球上其他动物的神经系统不同的进化路径。从某种意义上而言，它的大脑系统和区块链有点相像。它身体的每个部分都保留着大脑以及身体各部位神经的数据，一旦身体的某个部位受伤，就能很快地被修

※ [栉水母的形状]
栉水母通常呈辐射对称状，因为体态透明，能发出不同颜色的生物光，所以会出现不同形状的游泳姿态。

※ 全世界大约有 150 种栉水母，分布于深海之中。它没有毒也不会蜇人，属于稀缺海洋生物，对科学研究有着十分重要的价值。

※ [5.6 亿年前的八臂仙母虫化石]
据专家研究认为，这个化石属于 5.6 亿年前的埃迪卡拉纪。八臂仙母虫没有任何口孔或触手的痕迹，与栉水母等生物非常相似，但它们之间也有许多差异让研究人员满腹疑问，所以将会对其继续研究下去。

※ 栉水母是雌雄同体的生物，沿包含栉列的子午管有产生卵子和精子的不同生殖腺。它们先后将卵子和精子排到水中，在体外完成受精与胚胎发育，幼体依靠海中的浮游生物为食。

嘴巴进食，由另一端排泄出残渣。

栉水母一直被认为是只有一个消化腔开口的生物，没有真正的肛门。但海洋生物学家最新研究发现，栉水母吃下小鱼之后，其半透明的身体里会出现那些没有被消化的鳞片，聚集于栉水母的尾端，然后被排泄出去。

这一发现令科学家们颇为震惊，因为有肛门的生物明显晚于没有肛门的生物。早先普遍认为栉水母是地球上最古老的生物之一，一旦发现栉水母有着肛门排便的习惯后，"最古老的生物之一"这一称号就值得商榷了。幸好科学家们在栉水母身上未找到排泄的肛门，只是在其尾部发现了两个小孔。

神秘的光让大海更加美丽

栉水母的体内含有 10 种发光蛋白，当它在海中游动时，可以发射出蓝色或绿色的光，发光时栉水母就变成了一个光彩夺目的彩球，这种神秘的彩球发出的光让大海更加美丽诱人。

复，这是多么强大的再生能力呀。

原始海洋关于肛门的那些事儿

在原始海洋中，动物基本都是用嘴巴进食和排泄的，随着数千年过去，有些动物进化出肠道，这样就促使动物由

奇幻魅影

桶眼鱼

构/造/奇/特

桶眼鱼之所以得名，是因为它的眼睛形状像桶，主要生活于海洋中间层，1939年首次被人类发现。

桶眼鱼生活在暗淡无光的漆黑深海中，因为这里没有光线，所以它的身体进化出了奇特的构造。

奇特的透明头部

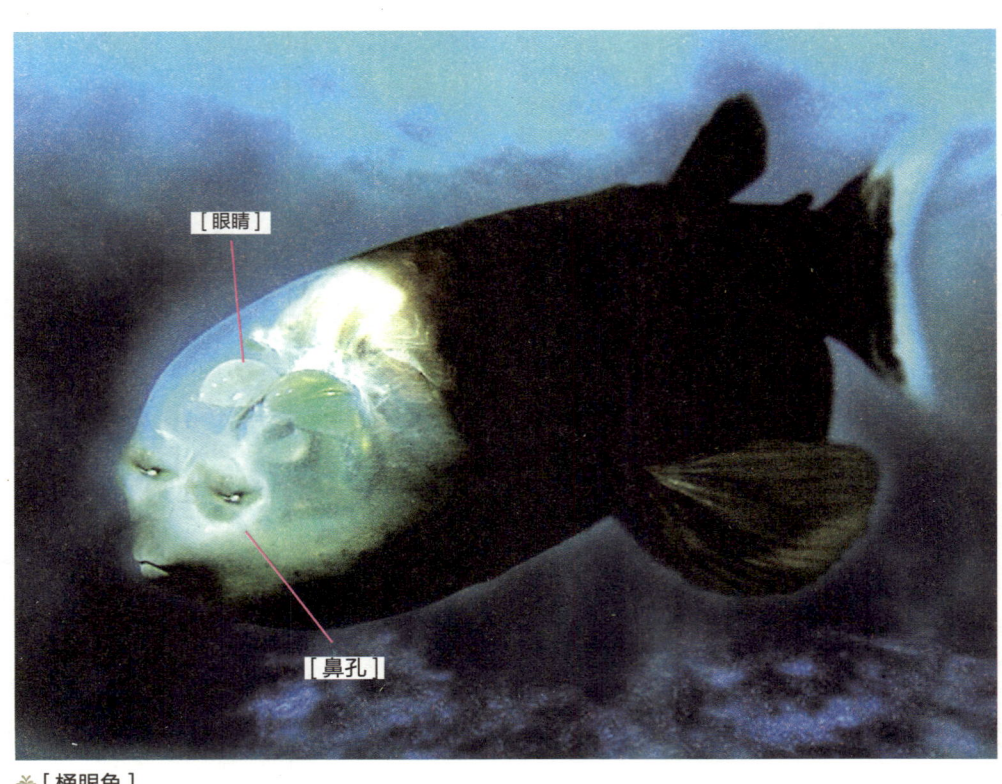

桶眼鱼的头部是完全透明的。可以通过透明的皮肤看到它头部里面的各种器官结构，甚至可以看到大脑的运动。

奇特的眼睛

桶眼鱼头部的翡翠绿色的部位是它真正的眼睛。这种独特的眼睛可以在头

[眼睛]

[鼻孔]

[桶眼鱼]

内自由转动，不仅能向前看，还能透过透明的脑袋向上看，而常被人们误认为是它眼睛的部分，其实是它的"鼻孔"。

桶眼鱼的眼睛呈桶状，内部是绿色组织。这样的结构能为桶眼鱼带来什么，会不会因此而导致它的视力变差？事实上，这种桶状的眼睛更有利于桶眼鱼收集深海生物所发出的光线，而且绿色的眼睛还可以过滤掉海洋上层射到深海的光线，能帮助桶眼鱼更清晰地发现猎物。

不劳而获的桶眼鱼

在 400 ~ 2 500 米的海洋深处，不仅太阳无法照到那里，而且食物稀少。在这里生存的海洋生物为了捕食，都在努力改进捕食技能，不过桶眼鱼却没有，它属于"不劳而获"的那一类。

桶眼鱼常在管水母下方活动，它那双碧绿色的眼睛和身体会时刻注意管水母的动静。当管水母捕捉到猎物后，桶眼鱼就会快速出击，夺取人家的猎物。当猎食结束后，桶眼鱼又恢复到原来的状态，眼睛继续向上看，等待再次不劳而获的时机。

❋ [蒙特雷湾水族馆研究所]

桶眼鱼怪异的形象得以面世，缘自 2009 年蒙特雷湾水族馆研究所 (MBARI) 的研究人员使用远程控制摄像机潜入深海拍摄得来。

❋ [后肛鱼科邮票]

桶眼鱼属于后肛鱼科，学名为大鳍后肛鱼，该科下有许多"大眼"族的鱼类，比如南非透吻后肛鱼，这张邮票就将后肛鱼科的大眼准确地描绘出来了。

❋ 桶眼鱼早在 1939 年就已经被发现了，由于这种鱼只适合在深海活动，很少到浅水区，所以虽有发现，却没有足够的资料能够研究它。

长相奇特的海洋生物 | 91

樽海鞘

地/球/的/清/碳/卫/士

樽海鞘是一种类似海蜇的生物，它全身透明，以水中的浮游植物为食，常生活在寒冷海域，以南冰洋居多。

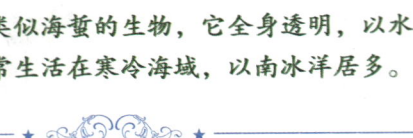

[樽海鞘]

樽海鞘外形类似海蜇，体长1～10厘米，单体或群体营飘浮生活，通过吸入、喷出海水来推动身体的移动。

这才是真正的隐藏

樽海鞘有点像水母，身体因种类而各有不同，略呈桶状且几乎完全透明，可通过被囊看到内部构造。它们这种透明的形态可以保护自己免受天敌伤害，应该是海里最好的伪装了。

可以逆行的血液

樽海鞘拥有脊索动物中独一无二的血液循环系统，专业上称之为"开管式循环系统"，更为神奇的是，它们的血流方向会每隔几分钟颠倒一次，这在自然界中绝对是独一无二的存在。

上下垂直运动

樽海鞘白天向海洋深处下潜，而夜里又向上浮至海面吃那些浮游生物，每天不厌其烦地来回做垂直运动。

非常奇特的繁殖方式

樽海鞘可进行同性繁殖，一个樽海鞘可以产生一系列雌雄同体克隆，并彼此相连。一些亚种的克隆链最长能达到15米。这种克隆链会断开，所有释放出来的个体都是雌性并含有一个卵子，上一代的雄性樽海鞘会对雌性受精，并产生一个胚胎，当胚胎在母体发育时，母体会继续与其他樽海鞘的卵子进行受精。最后胚胎破出并进一步发育产生另外的克隆链。

地球的清碳卫士

樽海鞘不断地在海水中浮游、觅食，并且产生排泄物。它们的排泄物能够快速沉降，最快每天沉降1 000米。由于浮游植物大多是利用大气中的二氧化碳进行生长的，樽海鞘食用浮游植物的同时也吸收了其中的碳，当它们排泄粪便时，碳会沉降到海底，从而彻底将二氧化碳从碳循环中去除。

彩带鳗鱼

天/生/舞/蹈/家

彩带鳗鱼因游动时像飞舞的彩带而得名，体长约1.3米，并且可以改变颜色和性别，是一种颇为怪异的鱼类。

彩带鳗鱼是一种热带鳗鱼，雌雄同挤一穴，分布在太平洋西部及我国台湾的珊瑚礁海域。

彩带鳗鱼幼小时为黑色；当它长到体长约50厘米时，就变成雄性，身体会随之变成蓝色；继续长到90厘米时，身体变成黄色，性别则变为雌性。这个变化并不一定，体长在65～100厘米时，它们也可能会变为黑蓝色或蓝色的雄鱼；体长在100～133厘米时，又由蓝色变为蓝黄色的雌鱼；直到长成130厘米的成鱼。在这个过程中它们还要经历4次颜色变化和3次性别变化，直到长为金黄色的雌性鱼。

> 彩带鳗鱼是一种热带鳗类，栖息于珊瑚礁区的小砂沟两边的崖壁，有剧毒，若在海中遇到，请敬而远之。

[彩带鳗鱼]

奇幻魅影

长相奇特的海洋生物 | 93

[比目鱼的眼睛]

比目鱼
海/底/变/色/龙

比目鱼又叫鲽鱼，身体呈长椭圆形、卵圆形或长舌形，最大体长可达5米，通常生活在温带水域，喜欢栖息在浅海的沙质海底，双眼同在身体朝上的一侧，可以变色，身体朝下的一侧通常为白色。

比目鱼喜欢生活在海底，身上布满杂乱无章的斑点，看上去就像一堆海底碎石。

> 在我国古代，比目鱼是象征忠贞爱情的奇鱼，古人留下了许多吟诵比目鱼的佳句，"凤凰双栖鱼比目""得成比目何辞死，愿作鸳鸯不羡仙"等，清代著名戏剧家李渔曾著有一部描写才子佳人爱情故事的剧本，其名就叫《比目鱼》。

海底变色龙

比目鱼可以移动皮肤上的色素细胞，使身体上的颜色根据不同的环境而改变，以配合不同的栖息环境。有些比目鱼的眼睛如果不幸受损，它们就失去了改变身体颜色的本领，为了生存，它们还有一种伪装方法：索性将整个身子埋在海底的沙堆里，只露出双眼，犹如潜望镜一般，默默侦测四周的动静。

让人目眩的一双眼睛

看到比目鱼的照片，人们很容易发现：这家伙的眼睛不是对称出现的，而是两只眼睛长在一边。不过，比目鱼的

[邮票上的比目鱼]

由于比目鱼的两只眼睛长在一边,所以在游动的时候需要两条鱼并肩而行来辨别方向。比目鱼有着成双成对的含义,后比喻形影不离,或泛指情侣,被人们看作是爱情的象征。

这种奇异外形并不是天生的。

刚孵化出来的小比目鱼的眼睛也是生在两边的,在它长到大约3厘米长的时候,眼睛就开始"搬家",一侧的眼睛向头的上方移动,渐渐地越过头的上缘移到另一侧,直到接近另一只眼睛时才停止。比目鱼眼睛的移动使它的体内构造和器官也发生了变化,使得它不再适应漂浮生活,只好横卧海底了。

这货有毒

比目鱼身体会分泌一种乳白色的毒液,能杀死周围的小动物作为食物。即便鲨鱼凶猛无比,只要一沾上这种液体,嘴巴也会僵硬,比目鱼就能趁机逃走。

比目鱼生活在温带水域,是重要的经济鱼类,我国沿海都有分布。它的肉味鲜美,肝可制鱼肝油。有些种类还可入药,具有消炎解毒的作用。

奇幻魅影

[比目鱼]

长相奇特的海洋生物

蓝鹦嘴鱼

沙/滩/建/造/者

蓝鹦嘴鱼就像它的名字一样，长着一个和鹦鹉很像的嘴巴，弯弯的嘴形就像在微笑，加上头部圆润的隆起，使其看上去非常呆萌可爱。

[蓝鹦嘴鱼]

据科学家研究发现，珊瑚礁沙约80%是鹦嘴鱼的粪便，一条普通的鹦嘴鱼每年可排出约200～300千克白色细沙；而大型的鹦嘴鱼一年甚至可排出上千千克的细沙。马尔代夫、夏威夷群岛和大堡礁的那些白色沙滩大多都是鹦嘴鱼的杰作。

蓝鹦嘴鱼主要分布于西大西洋和加勒比海，常见于珊瑚礁盘及其边缘，属于珊瑚礁鱼类。

独特的纯蓝色

蓝鹦嘴鱼身上的颜色和海水一样呈深蓝色，由于生活的海域不同，蓝鹦嘴鱼在幼鱼时期有些也会有斑斓的色彩，但是随着年龄的增长，花斑会逐渐消失，全身会变成独特的纯蓝色。它是一种大自然中少有的拥有这种颜色的生物。

沙滩建造者

蓝鹦嘴鱼有一项特别的技能，那就是它可以制造沙滩。在西大西洋或是加勒比浅海有大片的白色沙滩，这些沙滩中就有蓝鹦嘴鱼所拉出的"粪便"。

蓝鹦嘴鱼主要以珊瑚及附生的藻类为食，偶尔也会从沙石中取食。蓝鹦嘴鱼将珊瑚啃下并研碎，它的消化系统会吸收其中的营养物质，同时将不能消化的钙质颗粒排出体外，这些颗粒就是细白沙滩的主要成分。

酣睡时自带帐篷

蓝鹦嘴鱼和其他种类的鹦嘴鱼一样，都比较注重养生，它们喜欢在珊瑚礁石缝隙中睡眠。每当睡眠的时候它们会从口中吐出黏液，像帐篷一样将自己包裹起来，然后酣然大睡，起床后又会将帐篷全部吸入口中。蓝鹦嘴鱼的睡眠可是实实在在的深度睡眠，哪怕被潜水者把玩在手中，也不会轻易醒来。据专家分析，因为蓝鹦嘴鱼睡眠很沉，而它的帐篷可以隔绝气味，所以不容易被天敌发现。

狮子鱼

美/丽/的/陷/阱

狮子鱼又叫蓑鲉，这种五颜六色的鱼类具有狮子般的羽毛鳍和有毒刺的鬣毛，喜欢在珊瑚礁丛中游动。

奇幻魅影

❖ [狮子鱼]

狮子鱼的长相有着极强的视觉冲击力：身披褐白相间的条纹，两侧还有长长的扇状鱼鳍。
在美国佛罗里达州和加勒比海附近的海域，这种鱼被认为是最具破坏性的外来物种。它们的胃口极大，一顿饭可以吃掉很多生物。

狮子鱼的学名为蓑鲉，体长25～40厘米，体表黄色，布有红色至棕色的条纹，外观美丽，但是有毒，主要分布在北大西洋、北太平洋及南北极冷水区。

超高颜值的鱼类

狮子鱼头侧扁，背部长了许多漂亮

长相奇特的海洋生物 | 97

❈ [捕抓狮子鱼]

狮子鱼在 20 世纪 80 年代侵入加勒比海地区，由于它的食量惊人，一条狮子鱼半小时内可吃掉 20 条小鱼。如今，狮子鱼在加勒比海分布广泛，并已现身一些渔业资源稀缺、潜水者众多的区域，严重危害当地生态环境。2017 年春季，美国佛罗里达州政府实施"珊瑚游骑兵"计划，鼓励潜水员每年至少两次把狮子鱼从珊瑚中赶走。

❈ 若人类一旦被狮子鱼蜇到，伤口会肿胀，并伴有剧烈的疼痛，有时候还会发生抽搐。它们的毒素是一些对热很敏感的蛋白质，而蛋白质在遇高温、碱、酸和重金属时都会变性，根据这一特性，若被蜇伤，应马上将伤口浸入 45℃以上的热水中 30～60 分钟，既可缓解疼痛，又可以分解一部分毒素，然后尽快就医。

的鱼鳍，体色华丽，多为红色，鳍条的根部及口周围的皮瓣含有能够分泌毒液的毒腺。它们的动作舒缓，喜欢在珊瑚间优雅地游动，仿佛一群美丽的小精灵。

让人惊叹的繁衍速度

到了繁殖期，雄狮子鱼体色变暗发黑，颜色更均匀，而雌鱼体色则会变得苍白。这个时期的雄狮子鱼，会被多条雌鱼追求，在海底经常会发现一条雄狮子鱼后面跟着好几条雌狮子鱼。

当黑夜降临时，雄狮子鱼会躺在海底，眼睛望向水面，同时用腹鳍支持着自己，然后围着"心爱"的异性转圈，转了几圈后，雄鱼从海底向海面游去，如果雌性对其感兴趣，就会紧跟其后，途中还会抖动自己的胸鳍，再对游几圈。最后雌狮子鱼便开始受精、排卵。

❈ [触须蓑鲉]

❈ [拟蓑鲉]

让人惊叹的进食能力

狮子鱼在捕猎前,会在红色的珊瑚丛中舞动长鳍条,迷惑小鱼,它会紧盯着在珊瑚丛中游动的小鱼,然后猛地把四面飞扬的长鳍条收紧,嗖的一下子窜过去,张嘴一咬,那些小鱼就成了它的美食。

狮子鱼主要的食物来源是甲壳类动物和小鱼,但除了这些,它们也不会放过其他物种的幼仔,逮着啥就吃啥。甚至可以说,狮子鱼的基本进食原则就是:只要嘴能塞得下,那就吃得下。狮子鱼半小时可以吃掉20条其他种类的鱼,堪称大胃王。

无人可碰的自我保护能力

狮子鱼的胸鳍上布满毒液,危险来临时,就会尽量张开它那长长的鳍条,使自己看起来显得很大,同时用鲜艳的颜色警告对方。如果对方无视这种警告,狮子鱼就会将毒液注进对方的皮肤,轻则使对方麻痹,重则丧命。

严重破坏生态系统

狮子鱼在20世纪80年代出现在加勒比海和墨西哥湾后,由于没有天敌,它们在这里迅速繁殖,近年来呈爆发趋势,对当地生态物种造成了毁灭性的打击。它们栖息在珊瑚礁外围,每天敞开肚皮大吃特吃,还用身上的毒鳍吓跑其他潜在天敌,即使是鲨鱼也不愿意靠近狮子鱼。

无奈之下,海洋保护组织只能派人潜入水下,将狮子鱼刺死后再喂食鲨鱼,但这只能稍微扼制狮子鱼疯狂成长的势头。

在狮子鱼泛滥的一些海域,当地政府宣称狮子鱼味道不错,可以享用。希望能发挥吃货的能力,用人类的胃来拯救海洋的生态环境!

[狮子鱼邮票]

据海洋专家粗略估计,每条雌狮子鱼每年都会产下至少200万枚卵,这可不是个小数字。

奇幻魅影

长相奇特的海洋生物

枪虾

玩/枪/的/高/手

枪虾有一大一小两只螯,当它把大螯合上时,就会像扣扳机一样,发出枪响,利用冲击波杀死猎物。原来在海洋里,不仅有玩阴的、玩毒的,还有玩高科技的呢!

枪虾也叫鼓虾,颜色呈泥绿色,拥有一大一小两只螯,体长约5厘米,那只大螯有2.5厘米长。原本生活在地中海的温暖水域,现如今则在全世界热带海域均有分布。

随身携带的武器

枪虾的个头不大,但它有一只超大的螯,这大螯几乎有其身体的一半长,在遇到危险时候,它只要把大螯迅速地合上,就会喷射出一道水流,像子弹一样,时速高达100千米,甚至可以使周围的水瞬间加热到近4 500～4 700℃,十分接近太阳的表面温度(约4 800℃),能将猎物击晕甚至是杀死。这致命一击产生的声音高达218分贝,与真实的枪声

[枪虾]

奇幻魅影

[枪虾与虾虎鱼的同居生活]

[枪虾玩具]

相比（平均约为 150 分贝），显然枪虾更厉害些。

枪队联盟

拥有这样的武器非常威风，但是枪虾眼睛几乎看不见，在枪虾的聚集地，它们经常因为感觉到威胁而自相残杀。不过也有例外，枪虾常与虾虎鱼组成联盟，虽然枪虾眼盲，但是虾虎鱼视力很好。

通常，枪虾会在沙里挖好一个洞，虾虎鱼就会游来与之同居，充当它的双眼，为它守望海里的一切。枪虾则会乖乖地守在虾虎鱼身后，为其挖掘后防。

长相奇特的海洋生物 | 101

虾虎鱼享用枪虾的洞，作为回报，虾虎鱼会充当枪虾的眼睛。

通常虾虎鱼坐在洞穴的入口处，枪虾在洞穴中清理通道。当枪虾出来倾倒沙石时，它总把一根触须搭在虾虎鱼的身上，由虾虎鱼带路。当遇到其他鱼来袭时，虾虎鱼一动身，枪虾就会对着感受到威胁的方向"开枪"并迅速逃回洞中。

断螯之后

枪虾最有力的大螯与许多甲壳动物一样，在遇到攻击的时候会脱落。失去大螯的枪虾，会以奇特的方式长出一只螯来，不过重新长出来的不是大螯，而是小螯，它原先的小螯会逐渐长成同样具有强大杀伤力的大螯。换句话说，枪虾相当于把武器换到了另一只手上。

断肢再生有时候也会出现小故障。枪虾如果失去小螯，偶尔也会错误地长出大螯，从而拥有两只大螯。"双枪"听起来似乎很霸气，但事实上枪虾还需要用小螯来帮助进食。大螯好比打猎用的枪，而小螯则是吃肉用的刀叉。

虾王和虾后

枪虾拥有一个极其先进的社会化组织，数百只枪虾会居住在一个海绵内部，由体型较大的"虾王"和"虾后"统治，这是唯一一对能繁殖的枪虾。

若有入侵者出现在这个组织时，枪虾会有节奏地发出呼救的声音，召集同

[共生的虾虎鱼与枪虾]

"枪虾会挖洞并住在洞里。可有个家伙却要住在它的洞里，那就是虾虎鱼。不过虾虎鱼也不白住，它会在洞口巡视，要是有外敌靠近，就摆动尾鳍通知洞里的枪虾。它们合作无间，互利共生。"这是《白夜行》中的描述。

枪虾虽然拥有"核武器"，但因为个头小，自身很脆弱，因此会和各种各样的海洋生物"结盟"，除了虾虎鱼外，枪虾还会和珊瑚形成共生关系，珊瑚为枪虾提供了良好的庇护之所，枪虾也会"枪击"以珊瑚为食的海星并驱逐它们离开珊瑚，有些枪虾也喜欢和海葵一起生活。

伴前来，同伴到来时，一方面会同步发出攻击，另外，还会发出呼救声，以便叫来更多枪虾。

Chapter 5
说到大，我自己都害怕
——种类体型最大的海洋生物

Speaking of Big, I'm Afraid of Myself

蓝鲸

地/球/上/体/积/最/大/的/动/物

蓝鲸体长 22～33 米，体重为 150～181 吨，不但是最大的鲸类，也被认为是已知的地球上生存过的体积最大的动物。

蓝鲸是一种海洋哺乳动物，属于须鲸亚目，共有 4 个亚种，它的身躯瘦长，体表呈淡蓝色或鼠灰色，背部有淡色的细碎斑纹，头上有 2 个喷气孔，位于头的顶上，吻宽、口大，嘴里没有牙齿。背鳍特别短，长度不到体长的 1.5%，鳍肢也不长，约为 4 米，上面有 4 个趾头，

❧ 南冰洋中鲸的数量和捕获量均占世界各大洋的首位，现存量 100 万头左右。

❧ 蓝鲸是地球上声音最大的动物，一个喷气发动机运作时发出的声音是 140 分贝，蓝鲸一嗓子能喊 188 分贝，160 千米以外的同伴都能听到。

[蓝鲸]
蓝鲸被誉为动物王国的国王，它拥有绝对优势的体型、力量和速度。在地球上至今还没有另一种有如此庞大体型的生物。

❋ [蓝鲸邮票——加拿大 2010 年 10 月发行]
该枚蓝鲸邮票延续了野生动物系列普票的印刷风格，采用了多项防伪技术，如光变油墨、胶印缩微文字、影雕套印技术和荧光油墨。

整个身体呈流线型，像一把剃刀，所以又被称为"剃刀鲸"。

解密蓝鲸：体型

蓝鲸是地球上体积最大的动物，那它到底有多大？据测量，一头成年蓝鲸体长为 22～33 米，目前发现的最长的蓝鲸有 33 米，这个长度相当于波音 737 客机的长度。它的头非常大，舌头上能站 50 个人。雄兽的阴茎长达 3 米，如果把它的肠子拉直，足有 200～300 米长，它的血管粗得足以装下一个小孩，其脏壁也厚达 60 多厘米，可想而知它的体型有多么庞大！

解密蓝鲸：体重

数据上显示，蓝鲸的体重为 150～181 吨，那到底是有多重呢？

❋ [《自然系统》-1758 年]
蓝鲸的物种名称 musculus 来自拉丁语，有"强健"的意思，但也可以翻译为"小老鼠"。林奈在 1758 年的开创性著作《自然系统》中完成了对该种类的命名，他可能知道这一点，然后幽默地使用了这个带有讽刺意味的双关语。

❋ 蓝鲸经常长途旅行，它们冬天在极地大量捕食，夏天就去赤道繁衍交配，它们游动时速度可达每小时 8 千米，如有需要可加速到每小时 32 千米。

说到大，我自己都害怕

种类体型最大的海洋生物 | 105

我们可以进行简单的换算：

一条蓝鲸相当于 2 000 ~ 3 000 个人的总重量；或者是 25 头以上的非洲象的总和。

它的舌头有 2 吨，头骨有 3 吨，肝脏有 1 吨，心脏有 500 千克，血液循环量达 8 吨，雄兽的睾丸也有 45 千克。

解密蓝鲸：心脏

体型巨大的蓝鲸搭配了一颗巨大的心脏，它的心脏有 500 千克，就像一辆车一样的大小，有着超强的动力，凭借相关设备，在 3 千米之外就能探测到它在跳。因此它的力量惊人，所发出来的功率高达 1 500 ~ 1 700 马力，堪称动物世界中的巨无霸和大力士。

解密蓝鲸：大胃王与小喉咙

拥有如此巨大的身体，必须要有大量的食物支持，蓝鲸以磷虾和鱼苗为食，它们能一口气吞下近 1 吨的食物，每天要吃 4 ~ 8 吨才能吃饱，如果腹中食物少于 2 吨，它就会感到饥饿。这样的食量称为大胃王一点也不为过，但是你很难想象，蓝鲸有这样大的胃口却只拥有一个苹果大小的喉咙，所以它们在进食时，属于典型的"细嚼慢咽"型。

解密蓝鲸：最大的小宝宝

蓝鲸经交配、受孕、一年怀胎后，母鲸于晚秋季节产下自己的仔兽。仔兽一出生就有 7 米多长，7 吨多重，经母鲸的乳汁哺育，便开始以每天长 4 厘米、增重 100 千克的速度快速成长起来，是动物世界里长得最快的，18 个月后就成为一头大蓝鲸。

> ❀ 蓝鲸是地球上的长寿动物之一。科学家们通过数蓝鲸的耳屎层数来判断它们的年龄，目前科学家数过最多的耳屎层达到 100 层，也就是说这头蓝鲸有 100 岁。但是普遍认为蓝鲸的寿命在 80 ~ 90 岁之间。

> ❀ 蓝鲸是用肺呼吸的，它的肺有 1 吨多重，能容纳 1 立方米的空气，这么大的肺容量使它呼吸的次数大大减少，每 10 ~ 15 分钟才露出水面呼吸一次。每当它呼吸时，排出体外的废气会冲出鼻孔，喷射高度可达 10 米，常卷起附近的海面，形成壮观的水柱，还会发出火车汽笛一样的声音，人们称之为喷潮。

帝企鹅

最 / 大 / 的 / 企 / 鹅

> 帝企鹅也叫皇帝企鹅，是企鹅家族中个体最大的物种，分布在南极大陆及其周围岛屿。

帝企鹅是现存17种企鹅中体型最大的品种，身高可达1.3米，体重可达50千克。它身披黑白分明的大礼服，耳后及颈部羽毛为橙黄色，耳后的颜色最深，向肚子扩展并逐渐变淡。帝企鹅与王企鹅常被混为一谈，它们实际是不同的两类。帝企鹅和王企鹅的外形很像，它们都身披黑白分明的大礼服，喙部赤橙色，脖子底下有一片橙黄色羽毛，向下逐渐变淡。不同之处在于，帝企鹅体型比王企鹅大，耳部是黄色的。

和所有企鹅一样，帝企鹅是不会飞的鸟。为了适应海中的生活，它们的身体呈流线型，翅膀特化成扁平的鳍状肢。

南极企鹅喜欢群栖，一群有几百只、几千只、上万只，最多者甚至达10万～20多万只。在南极大陆的冰架上，或在南极周围海面的海冰和浮冰上，经常可以看到成群结队的企鹅聚集的盛况。帝企鹅同样喜欢群居，无论是觅食和筑巢都聚集成群体，在恶劣天气里它们还会挤在一起互相保护。

[帝企鹅]

说到大，我自己都害怕

种类体型最大的海洋生物

❧ [帝企鹅过冬的队列]

❧ 北极为什么没有企鹅？北极曾经有一种与企鹅很像的动物，名叫北极大海雀，它不会飞，擅长游泳，在陆地上走路十分缓慢，甚至还需要翅膀辅助行走，后来因为人类的捕杀在1844年灭绝了。

❧ 南极企鹅为什么没有迁移去北极？企鹅的祖先是管鼻类动物，它们是从赤道以南的区域开始发展起来的。热带炎热的气候阻挡了它们北上的道路，温暖的赤道水流和较高的气温形成了一个物理屏障，使惧热的企鹅不能游过它。

❧ 帝企鹅是游泳高手，时速可达每秒3.4米。它们的潜水深度可达565米，潜水时间可达20分钟。

❧ 帝企鹅的每个个体的叫声都各不相同，它们通过叫声来辨认彼此。

帝企鹅名字的由来

在亚南极岛屿，有一种企鹅以前被认为是最大的企鹅，其英语名称是"King Penguin"，"King"意即国王，译成中文名为王企鹅。后来在南极大陆沿海又发现了一种体型更大的企鹅，比王企鹅还高一头，人们于是给它取名为"Emperor Penguin"，"Emperor"意即皇帝，这就是帝企鹅名字的由来。

唯一在南极冬季繁殖的企鹅

南极的温度极其寒冷，尤其是到了冬季，气温更是会下降到 -60℃至 -70℃，风速更是高达每小时200千米，多数企鹅会暂时离开南极，寻找温暖的场所过冬，而帝企鹅则不同，它会坚守在南极过冬，而且还会在寒冷的南极冬天繁殖后代。

帝企鹅为什么不怕冷呢？这是因为它们身体表面覆盖厚厚羽毛的部分比周

围的空气温度要低，酷似穿了一件"冷外套"。帝企鹅身体表面平均比周围的温度要低4～6℃。而且它身体上覆盖多层隔热的脂肪和羽毛，可以在外围空气温度低至-40℃的情况下，保持39℃的体内温度。帝企鹅还有独特的"逆流循环系统"，它的动脉和静脉邻近，能够快速地进行热量交换，可以有效防止热量的流失。为了储存热量，它们还会把脚、鳍和头都缩成浑圆的一团。

帝企鹅为了保护小企鹅不遭受天敌——贼鸥的攻击，通常选择在南极严寒的冬季冰上繁殖后代，因为贼鸥会因无法忍受南极冬天的寒冷而离开。

伟大的父爱

帝企鹅在繁殖季节为一夫一妻制，但是大部分的帝企鹅每年的伴侣都不同。它们在每年秋天（南半球的4月左右）回到产卵地。在产卵地，帝企鹅们会徘徊、歌唱，进行求偶。求偶行为包括鞠躬、摆头以及一些特别的行走方式。5月到6月初，雌帝企鹅会产下1枚卵，交给雄性孵化，因为产卵过程中雌性消耗了大量的能量，因此会离开两个月去觅食。

帝企鹅虽然有着极强的耐寒能力，但想在-40℃的环境下孵出小企鹅，实在不是一件容易的事。企鹅蛋不能直接放在地面或冰面上，因为会把企鹅宝宝冻坏，于是雄企鹅双脚并拢，用嘴把蛋滚到脚背上，其目的就是不让蛋直接接触地面。然后利用大腹便便的特点，用腹部的皱皮把蛋盖上。雄企鹅的双腿和腹部下方之间有一个布满血管的紫色皮肤的育儿袋，能让企鹅蛋在-40℃的低温中保持在舒适的36℃。

为了躲避寒风，成千上万孵蛋的雄企鹅，会像雕塑一样，肩并肩地排列在一起，一动不动，不吃不喝地坚持65～75天，一心一意地孵蛋。待企鹅宝宝破壳出生后，雄企鹅往往会因为孵蛋消耗掉自身90%的脂肪层，变得骨瘦如柴。这个时候正好雌企鹅吃饱喝足了，它们从远方回来迎接刚出生的企鹅宝宝，雄企鹅和雌企鹅会用叫声来辨别对方，在一家团圆后，雌企鹅将装在嗉囊里的食物带给小企鹅。雄企鹅则返回海里去捕食和补养身体了。

企鹅幼儿园

小企鹅长得很快，不到一个月，就可以独立行走、游玩了。为了便于外出觅食和加强对后代的保护和教育，帝企鹅父母会把小企鹅委托给邻居照管。这样，由一只或几只成体帝企鹅照顾着一大群小企鹅的"幼儿园"就形成了。在幼儿园里，阿姨像照顾自己的子女一样，精心地照顾所有的孩子。小企鹅也乖乖地听阿姨的话，在那里过得很开心，等它们的父母回来，才把它们接回去。幼儿园的小企鹅偶尔也会遭受凶禽、猛兽的侵袭，此刻，阿姨们便会发出紧急信号，招呼邻居前来增援，对来犯之敌群起而攻之。

鲸鲨

温/柔/的/海/洋/巨/人

鲸鲨是最大的鲨,也是世界上最大的鱼类,它们在全球大洋中漫游以寻觅浮游生物,它们体型巨大却异常温柔,被称为温柔的海洋巨人。

是鲸还是鲨?

鲸鲨是一种鲨,而不是鲸。前面所介绍的蓝鲸,它也不是鱼,而是最大的哺乳动物,而鲸鲨则是最大的鱼。目前观测到的鲸鲨最大个体体长达 20 米,体重则高达 55.5 吨。

笨拙的进食

鲸鲨既能够栖息在深海和近岸浅海,也能够生活在珊瑚岛礁的潟湖里,并且喜欢待在表面温度 21℃～25℃的海水环境里。鲸鲨主要以浮游生物为食,小鱼、小虾、小螃蟹、鱼卵等都是鲸鲨喜欢的食物。鲸鲨虽然有庞大的体型,吃东西时却是张开大嘴将浮游生物与海水一起吞进嘴里,然后再用鳃滤出海水后将食物咽下。据计算,一条 6 米长的鲸鲨,每天需要花费 7.5 个小时吃饭,共吃下约 21 千克的浮游生物。

多如牛毛的牙齿

鲸鲨拥有一个宽达 1.5 米的嘴巴,10

[鲸鲨]

❉ 鲸鲨是一种十分古老的软骨鱼，早在约2000万年以前，它们就已经在浩瀚大洋中自在巡游。

❉ 1828年，生物学家史密斯在南非捕获了这种大鱼，首次辨认和描述了这个美丽又神奇的物种，并将它取名为"鲸鲨"（whale shark），意为有着鲸类般硕大身躯和须鲸一样滤食习性的巨鲨，须鲨目鲸鲨科下仅此一种。

片滤食片上有300～350排细小的牙齿，大约只有火柴头那么大，总齿数至少有3000个。然而，这些小齿既不是用来啃咬也不是用来咀嚼食物的。

温柔的海洋巨人

虽然鲸鲨是鲨鱼，但它却不像大白鲨那样凶猛。它的性情温顺，不攻击人，

说到大，我自己都害怕

种类体型最大的海洋生物 | 111

甚至会与潜水员嬉戏,人们亲切地将它称为"波点王子"。

是胎生还是卵生?

鲸鲨既然是鱼类,那不应该是卵生的吗?事实上,大部分鱼类都是卵生的,但是鲸鲨有点特别,它是卵胎生。简单来说,就是它们也有卵,只不过是在体内孵化,然后生出来的。是不是与胎生很像?其实还是有区别的,比如小鲸鲨与妈妈没有脐带相连,而是靠卵中的营养物质获取营养。

雌鲸鲨每胎可以产下大约 300 条小鲸鲨,每条体长为 40～70 厘米。小鲸鲨出生后需要约 30 年,才能达到性成熟期。

鲸鲨面临的威胁

据推测鲸鲨的寿命超过 70 年,最长可能有 100 年。成年的鲸鲨在海洋中几乎没有天敌,给鲸鲨带来显著威胁的是人类。人类捕杀鲸鲨以获取鲸鲨肉、鱼翅及软骨。由于鲸鲨体型巨大、游动缓慢,又喜欢在海面上活动,这些都导致它们很容易被人类捕杀。

据统计数据显示,在过去的 75 年间,全球的鲸鲨总数下降了一半。在鲸鲨分布较多的太平洋-印度洋区域,这一数字更是高达 63%。2016 年,世界自然保护联盟(IUCN)将鲸鲨由易危调为濒危。如果不采取有效措施,按照现在的减少速度,鲸鲨很有可能从地球上消失。

❀ 每条鲸鲨都有独一无二的白色斑点,相当于它们的指纹,这是识别鲸鲨个体的方法。

❀ [邮票上的鲸鲨]

皇带鱼

世/界/上/最/长/的/硬/骨/鱼/类

皇带鱼广泛分布于热带深海,它是世界上最长的硬骨鱼类,由于体型巨大,通常被认为是横扫海底、摧毁一切的怪兽。

说到大,我自己都害怕

❀ 皇带鱼又称布伦希尔蒂,俗名龙宫使者、白龙王、龙王鱼、大带鱼、大鲱鱼王、摇桨鱼、胖鱼、买牛、蛮、猪精、百牛、地震鱼,为辐鳍鱼纲月鱼目皇带鱼科的其中一种。

皇带鱼体形侧扁而长,呈带状,没有鳞片,全身为银灰色,并具有蓝黑色斑纹,身体上方有鬃状的红色背鳍;头部形状像马头一样,头部的鳍呈冠状;没有臀鳍,长长的腹鳍形状很像船桨,因此也被称作"摇桨鱼"。

皇带鱼中体型最长的是鲱王皇带鱼,平均体长4～6米,重达150～200千克,

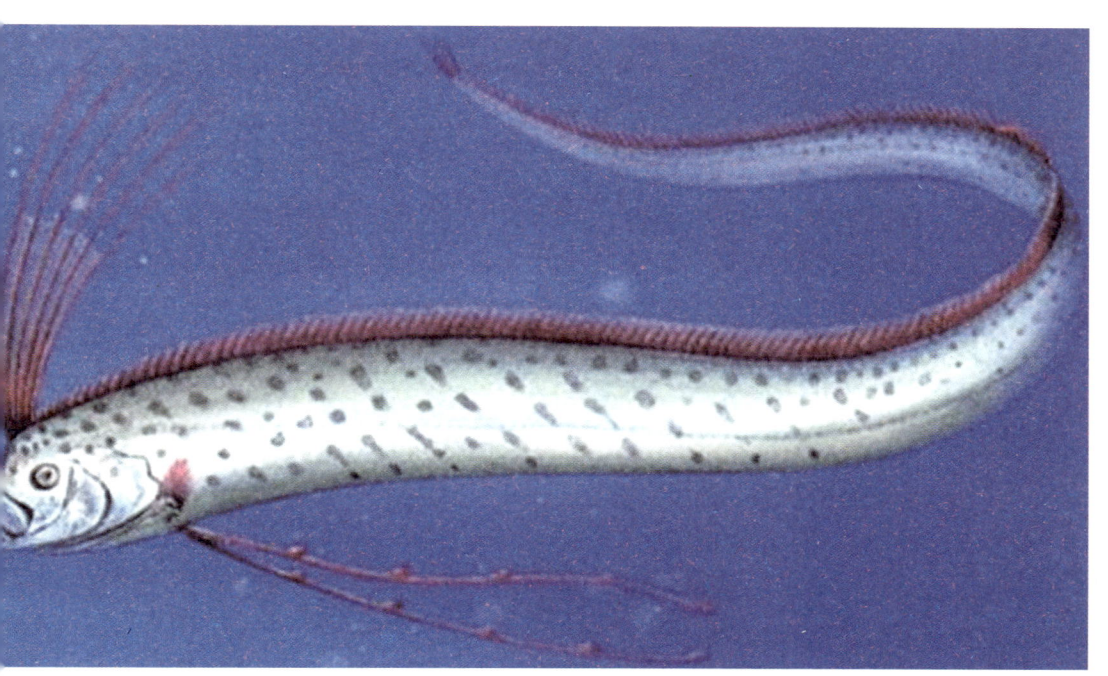

❀ [皇带鱼]

种类体型最大的海洋生物 | 113

[捕获皇带鱼]

体长最大纪录为7.6米，体重达272千克；其次是勒氏皇带鱼，平均体长3～6米，儒氏皇带鱼的体型相对较小，但平均体长也能达到3米以上，体重超过100千克。

皇带鱼与带鱼，是否只有大小的区别呢？

事实上并非如此，皇带鱼属于月鱼目皇带鱼科的物种，是深海鱼种，很少出现于浅海；而带鱼是鲈形目带鱼科的几个物种的统称，夜晚会游到浅海觅食。皇带鱼的嘴也和带鱼的不同，皇带鱼的嘴很小，但有两颗很锋利的大牙。

凶猛的猎食者

皇带鱼属于肉食性鱼类，是海底世界中的凶猛捕食者，会攻击它们所发现的一切海洋动物，包括中小型鱼类、乌贼、磷虾、螃蟹等。当食物匮乏时，皇带鱼甚至会同类相食。皇带鱼捕食时头朝上，像条带子一样漂浮于海底，等食物从嘴边游过时，会像弹簧般迅速地弹起并将食物吸入嘴中。其坚硬的上下颚足以咬碎甲壳动物的壳。

生长繁殖

皇带鱼繁殖很慢，大约14年数量才翻一倍，每年11月中旬，无数皇带鱼会从四面八方聚集到南太平洋萨瓦伊岛附近进行集体交配。科学家至今无法解释这种现象：它们依靠什么定位，从而每年都能准确地回到这里来？在交配时，它们会分成无数的小团，身体相互扭曲、缠绕在一起，每一小团里都只有一条雌皇带鱼，而纠缠在它周围的则是它的众

> 皇带鱼俗称"地震鱼"。据说皇带鱼会因地震而受惊游至浅水避难，所以它们的出现往往预示着会有大地震发生。

多追求者。雌皇带鱼在繁殖期间会不定时地连续 2 周产下大约 10 万枚鱼卵，每当它产卵后，周围的雄皇带鱼便会争先恐后地排出精子。

雄皇带鱼在完成交配后，为了不引起不必要的自相残杀，都会迅速离开，但更多的雄皇带鱼还会陆续赶来，与雌皇带鱼纠缠在一起，等待它的下一次产卵，整个过程持续 2 个星期，之后它们就会消失得无影无踪，留下一片被鱼卵染白的珊瑚礁。

神秘的海底巨怪

皇带鱼很少见于水面，有人偶尔见到就会误认为是"海蛇"。

相传亚里士多德在其著作《动物史》中就描述过一条巨大的海蛇，这条海蛇就是皇带鱼。

关于皇带鱼的传说还有很多，早在 1500 多年前，就开始流传尼斯湖中有巨大怪兽，一些人甚至宣称曾经目击过这种怪兽，有人说它长着大象的长鼻，浑身柔软光滑；有人说它是长颈圆头；有人说它出现时泡沫层层，四处飞溅；有人说它口吐烟雾，使湖面有时雾气腾腾……据有关科学家研究发现，这个巨大的怪兽就很有可能是皇带鱼的一种。

说到大，我自己都害怕

[海龙]
皇带鱼常被误认为是"海蛇"。人们通常认为它们是横扫海底、摧毁一切的怪兽，也曾被东南亚人们误认为是传说中的"龙"。

相传在公元前 4 世纪亚里士多德所著的《动物史》中写道："在利比亚，海蛇都很巨大。沿岸航行的水手说在航海途中，也曾经遇到过海蛇袭击。"其实传说中的巨兽并不是什么海蛇，而是皇带鱼。

巨螯蟹

海/洋/中/最/大/的/螃/蟹

巨螯蟹长有 10 条蟹爪，是世界上所有蟹类中体型最大的一种。最让人觉得可怕的是，相传这种蟹曾杀死过人类，所以也叫杀人蟹。

拥有令人羡慕的大长腿

巨螯蟹体重 16～20 千克，平均体长 3 米，最大个体双螯张开跨度达 4.2 米。身体呈梭形，两端尖尖，10 条蟹爪既长又锐利，特别是那对螯酷似钢钳，强劲有力，在水中活动时也异常灵活敏捷。

巨螯蟹生活在海底 500～1 000 米的地方，一生要蜕壳 13 次，每一次都要冒着生命危险，但每蜕壳一次都会比原来大一点，每一次蜕壳完之后都会变得极度疲劳。

[巨螯蟹]

现在已知最大的巨螯蟹在日本，约有 3.7 米长，学名叫高脚蟹，又叫杀人蟹、巨型蜘蛛蟹。日本巨螯蟹之所以被称为杀人蟹，是因为至今已有很多人葬身在它们的手上。

[邮票上的巨螯蟹]
在英国有只名为卡拉贝兹拉的巨螯蟹，脚长3.5米，是英国有史以来最大的巨螯蟹，并且仍然继续在成长。

据日本横滨沿海一带的渔民说，1990年至今，当地就有34名渔民和26名游客葬身蟹腹。

说到大，我自己都害怕

杀人蟹

事实上，巨螯蟹生活在深层海底，完全不具备游泳或浮水的能力，只能在海底爬行，又怎么会上岸杀人呢？其杀人蟹的名号来自日本巨螯蟹，生物学家经调查研究认为，日本巨螯蟹可能是受到深海核废料的影响，发生急剧异变，其个头不断增大，生性也越来越凶残，在日本海域常有巨螯蟹杀人的消息传出。

抓住机遇的捕猎

巨螯蟹主要捕食鱼类，它们体内长有灵敏的感震器官，可以清晰地感觉出周围移动的物体，一旦发现附近有猎物，就会向对方冲过去，凭着8只锐利的爪子缠住猎物，然后用两只大螯攻击猎物，直到猎物遍体鳞伤，筋疲力尽地死去，它才会把猎物吃掉。

执"握手"之礼

每年的1—3月，是巨螯蟹的繁殖季节，它们会漂游到水深60～100米的浅海底，雌、雄巨螯蟹彼此寻找合适的配偶，一旦物色到满意的对象，雄蟹会彬彬有礼地伸出长而有力的大螯紧紧握住雌蟹的大螯长节，它们"握手"时间有长有短，长的可达3～8天。

在"握手"的几天中，它们不活动也不摄食，雌蟹趁此机会蜕壳，这时雄蟹自行松"手"暂时离开。蜕壳完毕，雌蟹蹲伏海底，展开腹部与头胸甲成垂直状，准备产卵，雄蟹则再度凑近，当雌蟹大量排卵时，雄蟹立即对排出的卵受精。受精卵附在雌蟹腹肢上发育。刚孵出的幼蟹形状与它们的父母完全不同，它们过着浮游的生活，以浮游生物为食，从幼蟹到成蟹，要经过多次变化。它们的生长速度非常快，幼蟹到后期，开始移向深水区，最后回到半深海生活。

种类体型最大的海洋生物 | 117

大王酸浆鱿

世/界/上/最/大/的/无/脊/椎/动/物

大王酸浆鱿又称巨枪乌贼，是同种动物里最大的一种，也是世界上最大的无脊椎动物，分布在围绕南极大陆的海域，大多在南极海域2 000米的深海栖息。

大王酸浆鱿又称巨枪乌贼，身长5~15米，体重50~400千克。目前发现的最大一只大王酸浆鱿死时身长11米，体重约750千克。大王酸浆鱿不仅是世界上最大的鱿鱼，还是世界上最大的无脊椎动物。

眼睛发光

大王酸浆鱿是动物界中拥有最大眼

[海妖克拉肯]

在北欧神话中，海妖克拉肯有超长的触手和巨大的眼睛，通过科学家对大王酸浆鱿的研究，越来越多的人开始怀疑，海妖克拉肯可能就是大王酸浆鱿。

新西兰官员2007年2月22日宣布，一艘新西兰籍渔船在南极捕获了一只大王酸浆鱿，这是人类第一次捕捉到完整活体样本，这只大王酸浆鱿全长4~5米（包括触手），重达245千克，是一只母乌贼。

[惠灵顿博物馆中的大王酸浆鱿标本]

2008年4月30日,一群科学家解冻了新西兰渔船捕获的这只已经冰冻一年多的大王酸浆鱿,并在不破坏它形体的情形下以内视镜进行研究,这只大王酸浆鱿随后被制成标本保存在惠灵顿的一个博物馆里。

睛的生物,它们的眼睛不仅大,还长有发光器,能自己发光,也能觉察其他生物发出的微光,主要用于对付自己的天敌抹香鲸。在漆黑的深海,它们通过分辨抹香鲸身边的发光微生物的流动情况,来判断抹香鲸的位置。纵然大王酸浆鱿的触手可以抓住抹香鲸的头部抵抗,但最终结果往往是抹香鲸获胜,当然也有大王酸浆鱿缠住抹香鲸的呼吸孔使它窒息而亡的记录。

寿命很短

大王酸浆鱿的生长速度很快,每天以肉眼可见的速度迅速生长,但是它们也很快就迎来死亡,大王酸浆鱿的平均寿命只有450天左右,真是个"短命鬼"。

❊ 虽然体型巨大,大王酸浆鱿却是抹香鲸的常规食物,巨大的南极睡鲨也是它们的天敌。

大王酸浆鱿与大王乌贼的差别

大王乌贼通常栖息在深海地区,体型也很巨大,它是仅次于大王酸浆鱿的第二大无脊椎动物。那么大王乌贼和大王酸浆鱿有何区别呢?

大王酸浆鱿与大王乌贼的主要差异在于触手的勾爪上。大王乌贼的触手没有勾爪,而是周边附有硬质锯齿的吸盘。大王酸浆鱿的胴体具有巨大的游泳鳍,但胴体与触手的长度比例则不如大王乌贼。同样长度的大王酸浆鱿与大王乌贼相比,大王乌贼的触手长度会超过大王酸浆鱿。两者的共同点是体色都是红褐色。

[邮票上的大王酸浆鱿]

种类体型最大的海洋生物

鬼蝠鲼

最/大/的/鳐/鱼

蝠鲼又称魔鬼鱼或毯𫚉，是一种长着"翅膀"的鱼，其中有一种蝠鲼名为鬼蝠鲼，双翅展开有七八米，像一只巨型蝴蝶，游弋在海底。

鬼蝠鲼与普通的蝠鲼没有太大的区别，就是体型大，它们的双翅展开最大可达8米，不过值得一提的是，越大的蝠鲼脾气反而越温顺，而体型小的蝠鲼有时候会有些"小暴脾气"，攻击性也比鬼蝠鲼这种体型大的强。

温顺却不懦弱

虽然鬼蝠鲼性情温顺，基本上不会主动攻击人类，但是，如果在海中遇上它，最好还是敬而远之。因为其七八米宽的翅膀，拍击的力量足以将人拍成粉碎性骨折，而且这还是在水中有强大阻力的情况下，如果脱离水的阻力，其翅膀拍击的力量就更加惊人了，曾经有一只鬼蝠鲼将航行中的船拍翻的记录。

像性情一样温柔的进食

别看鬼蝠鲼体型巨大，但是它的捕食能力并不强，它没有像鲨鱼或虎鲸那样可以撕咬猎物的牙齿，它主要的捕食对象是那些体型比较小的鱼类和甲壳类动物，甚至有时只能进食一些浮游生物。

鬼蝠鲼强大的拍击力，虽然没有使

[展开双翼的鬼蝠鲼]

它们成为顶级杀手，却也保障了它们不被猎食者轻易捕获，虽然如此，鬼蝠鲼仍然是一种濒危物种，这并非它们的生命力不够强大，而是由于海洋环境恶化，加上人类的猎杀，导致它们的数量日益稀少，保护鬼蝠鲼刻不容缓。

❧ 20世纪初，日本的远洋捕捞队经常会猎杀鬼蝠鲼，用来提炼鱼油。

❧ 前不久有新闻报道，一名男子在三亚潜水时就被一只体型较小的蝠鲼刺中下体，救护人员最后只能剪断蝠鲼尾巴上的刺，再将伤者送到医院。所以，并非看上去软萌萌的生物，就是好欺负的对象，为了自身的安全，请不要轻易招惹它们。

姥鲨

鲨/中/大/嘴/王

姥鲨又名象鲛，是继鲸鲨之后的第二大鱼类，它们的体重可达3 000～6 000千克，体长可达6.7～8.8米。历史上最大的姥鲨标本于1851年被发现，其长度达12.27米，重19吨。

姥鲨属于滤食性鲨鱼，在全世界的温带海洋中都有分布，是外海大洋性上层鱼类，它们有着圆锥形的身体，背部覆盖着一层黏液，皮肤为灰色或棕色，腹部则是白色的。它的背和胸鳍很大，可以达到2米，尾巴是月牙形的。

晒太阳的鲨鱼

姥鲨的英文名为Basking shark，意思是晒太阳的鲨鱼，主要原因是它们经常长时间在阳光下寻觅浮游生物，背鳍露出水面，在海表面活动。姥鲨有明显的昼夜垂直移动现象，在拂晓和黄昏时上升到表层，其他时间栖息在100米以下的深水层，最深可达700～1 000米。姥鲨的性情迟钝，船只靠近它时也不逃逸，这导致它们很容易被捕获。它们喜欢结成小群活动，每群60～100头，排列整齐，

[姥鲨]
1868年10月美国纽约《哈勃周刊》上刊登的奇怪的鱼，这条鱼很可能就是姥鲨。

[进食中的姥鲨]

❈ 姥鲨属于卵胎生鱼类，人类对它们妊娠期的长短尚未研究明白，估计为 1~3 年。姥鲨每 2~4 年只生一次，它们的寿命约为 50 年。

❈ 姥鲨有一个圆锥形的鼻子和巨大鳃裂，它们属于软骨鱼，必须不断游泳才不会被"淹死"，因为它们通过流动的海水经过鳃裂获取氧气。姥鲨的肝脏约占体重的 25%，富含角鲨烯（鲨鱼肝油提取物，被人类制成药物），这是一种帮助它们漂浮的物质。

落吸附的鲫鱼。

姥鲨的"牙齿"

姥鲨有一个像巨穴般的颚，有近1米宽，在摄食时会保持张开，它还有较长及明显的鳃裂，差不多环绕整个头部，而且有完善的鳃耙。在进食时，姥鲨会大口吸入海水和鱼虾群，然后使用鳃耙过滤海水，由于使用过于频繁，姥鲨的鳃耙每年都会更换，在此期间，姥鲨无法进食，它们会潜伏在海底，靠肝脏中存储的脂肪过活，直到长出新的鳃耙。

浑身是宝

姥鲨浑身是宝，它们的身体可做食物、鱼粉；鱼皮晒干拉伸可制作皮革；它们的肝脏含有丰富的角鲨烯，可用于制作鱼肝油；而它们硕大的背鳍，就是鱼翅中最高档的天九翅；其身上的软骨也可作为中药药材。

种群数量严重下降

姥鲨在海洋中游速缓慢，而且不具有攻击性，不会吃人。在200多年前，全球各大海洋中都可以见到其身影，它们的种群数量非常庞大。自19世纪以来，姥鲨成为渔业的主要捕获物，200多年的时间里，姥鲨的种群数量严重下降，并且有继续下降的趋势。如果不加以保护，在不远的将来，它们就会走上灭绝之路。

列成二或三个纵队。

天气晴朗时，姥鲨常浮于水表层，背部紧贴水面，将吻端、背鳍和尾鳍上叶露出水面，或缓慢游动，张口滤食，或翻身侧卧，露腹晒日；有时当体表吸附有鲫鱼时，会经常跃出水面，企图抖

说到大，我自己都害怕

种类体型最大的海洋生物

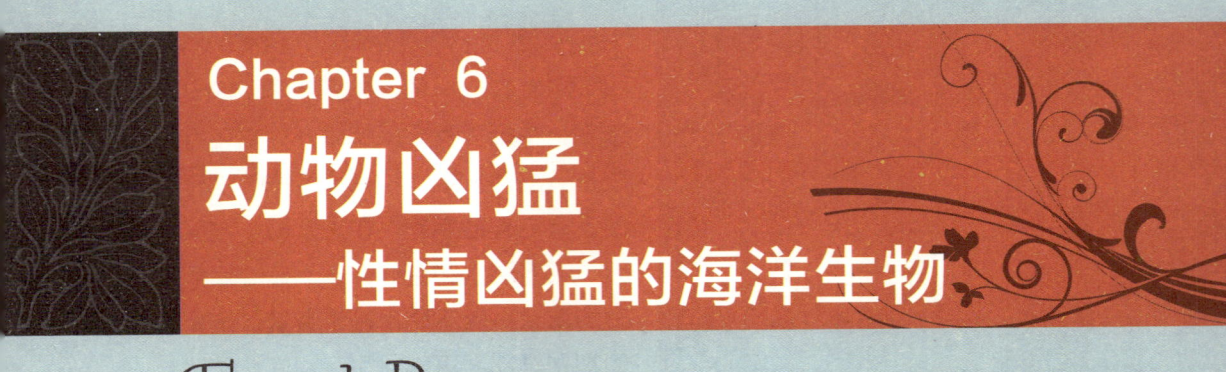

Chapter 6
动物凶猛
——性情凶猛的海洋生物

Feral Burn

虎鲸
没/有/天/敌

虎鲸又称杀人鲸、逆戟鲸,是一种身长近10米的大型齿鲸,它的性情凶猛,不仅猎杀企鹅、海豹等动物,甚至连大白鲨、蓝鲸都是它的猎物。

❈ [虎鲸]

在陆地上黑白配的生物,最出名的应该是大熊猫,而虎鲸则是海洋中黑白配最为典型的生物。它们的皮肤上没有其他颜色,只是在黑色的底纹上有一块块的白色斑点。

虎鲸是一种大型齿鲸,背部为黑色,腹部为白色,头部略圆,背鳍高高耸立。雄性成年虎鲸的体长可达8~10米,体重9吨左右,虽然名字中有个"鲸"字,但它其实是齿鲸小目中的海豚科动物。

母系社会形态

虎鲸是高度社会化的动物,有2~3头一群的,也有40~50头一群的,虎鲸

❈ 虎鲸又叫逆戟鲸、杀人鲸,头部较圆,它没有突出的吻部,鼻孔在头顶的右侧,有开关自如的活瓣,当浮到水面上时,就打开活瓣呼吸,喷出一片泡沫状的气雾,遇到海面上的冷空气就变成了一根水柱。

❈ 虎鲸从来没有在海中袭击过人类的记录,它被称为杀人鲸其实是背了个黑锅。虎鲸在国外有个别称为 Whale Killer(鲸鱼杀手),后来被误传为 Killer Whale(杀人鲸鱼),"杀人鲸"的黑锅就一直背到现在。

动物凶猛

性情凶猛的海洋生物 | 125

群是一个小型的母系群体。

在母系群体中，由几头血缘关系相近的虎鲸组成，由最为年长的雌鲸领导，并将家族智慧在鲸群中传承。

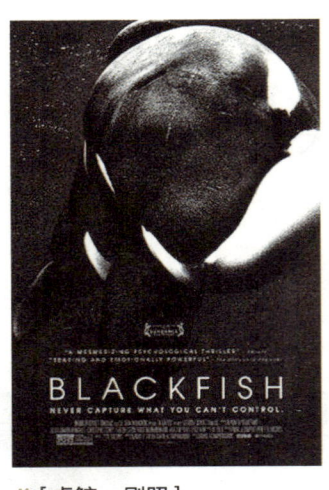

虎鲸群内部分工明确，雌鲸负责养育年幼的虎鲸，雄鲸负责出去寻找食物，然后引导鲸群集体猎杀。

虎鲸群中没有父子和父女的关系存在，只有母女、母子关系，而且这种关系非常稳定，是一辈子的关系，一般不会离群，它们在一起旅行、用食，以种群为社会组织，互相依靠着生存长大。只是偶然会加入其他鲸群进行交配，之后还是会回来。当族群过大时，会"分家"，产生一个新的族群。

不会动其他家族的食物

南极被称为虎鲸之都，这里有许多不同"家族"的虎鲸，在南极有它们爱

[虎鲸 - 剧照]
纪录片《黑鲸》讲述了一头虎鲸被驯化后在各地演出，因不堪海洋馆安排的繁复工作和饥饿的巨大压力，多次杀人的故事。这头虎鲸名叫 Tilikum。

吃的企鹅、鳕鱼等。虎鲸的大脑非常发达，同时身体拥有强大力量，凭借这些优势，它们能够追赶和捕杀海洋中的很多顶级捕食者。其中就包括令很多动物闻风丧胆的大白鲨和灰鲭鲨。

不同家族的虎鲸的捕食技巧与猎物大相径庭，但大家都会遵守一个规则，那就是不会动其他家族的食物。

猎食海豹

曾经有科考人员拍摄到一队虎鲸猎食海豹的过程，那是相当有战略战术的。

一队虎鲸在巡视自己的海域时，发现了两只在浮冰上休息的海豹，然后鲸队全部围到浮冰周围，用水浪拍打浮冰，使浮冰裂开，海豹落入水里，但依旧挣扎着想爬到小冰块上去，接下来，虎鲸默契地同时推动海水形成大浪，几次下来海豹就失去了容身之所，坠入水中，成为虎鲸的盘中餐。

像一具死尸诱捕食物

虎鲸有时会将腹部朝上，一动不动地漂浮在海面上，很像一具死尸，而当乌贼、海鸟、海兽等接近它的时候，就突然翻过身来，张开大嘴把它们吃掉。

> 🌸 虎鲸 Tilikum 的事件被曝光之后，该海洋馆不堪各方压力不得不宣布将永久终止馆区虎鲸的繁殖和表演计划。虎鲸 Tilikum 并未因此而获得好的生活，因为不久之后，它就死了，或许死亡对于它是一种解脱的最好方式。

> 🌸 虎鲸的一些复杂社会化行为、捕猎技巧和用声音交流等，被认为是它们拥有自己文化的证据。

捕食鲱鱼

在冰岛附近的虎鲸在猎食鲱鱼时，会由一两头虎鲸将鲱鱼群进行分割，再由虎鲸队围绕着鱼群来回巡游，将鱼群赶上水面，鲱鱼无处可逃，只能不断跃出水面，此时虎鲸队同时行动，鼓起大浪将鲱鱼们拍晕，然后才开始吃大餐。

将猎物藏在海洞中

若虎鲸不饿的时候捕获到了猎物，它们还会将猎物藏在海洞中，或者利用南极的天然"冰箱"，将猎物塞到冰山缝隙中，以备不时之需。

语言大师

虎鲸能够发出 62 种不同的声音。比如，虎鲸在捕食时，会发出断断续续的一种怪声，这种声音就像拉扯生锈的铁窗时，铰链所发出的声音；虎鲸还能够发出超声波，以便定位鱼群位置，还能探测到鱼群的大小及游泳方向。在捕猎时，如果同伴不给力，虎鲸还会发出咒骂声。虎鲸发出的这些声音有着不同的含义，可称得上是动物界的语言大师了。

这些能力对于虎鲸来说非常重要，因为漆黑的深海中，想靠眼睛显然是行不通的。

虎鲸种群也需要保护

据统计，仅南极估计就有 7 万头虎鲸，虎鲸并没有灭绝之虞，但人为猎捕会造

> **你知道鲸和鲨鱼有何区别吗？**
> 除了体型与外貌的区别之外，鲸和鲨还有何区别呢？
> （1）鲸虽然有鱼字，其实它并不是鱼类，而是哺乳类动物，而鲨鱼则属于鱼类；
> （2）鲨鱼通过左右摆动尾鳍来使身体前进，而鲸却是以上下摆动尾鳍的方式前进。它们利用前端的鳍状肢来保持身体平衡及控制方向，有些鲸背部的上端还有能保持身体垂直的鳍；
> （3）鲸和鲨鱼最大的区别是鲸和人一样有鼻孔，用肺来呼吸，而鲨鱼是用鳃呼吸；
> （4）鲸的皮肤很光滑，没有鳞片，鲨鱼都长着盾鳞；
> （5）鲸是温血动物，鲨鱼是冷血动物。

[虎鲸喷水]

鲸换气应该是非常常见的现象，但对于身处冰雪世界的虎鲸来说，这个动作并不轻松，尤其在冬季，它们需要先破冰，然后才能吸上一口气，常有人类使用破冰船，破坏冰面以帮助虎鲸群呼吸的新闻报道。

成部分地区虎鲸族群的减少。当前在日本、印度尼西亚、格陵兰和西印度群岛的捕鲸者仍持续捕捉虎鲸，虽然捕杀量少，但对当地族群却可能会有相当大的影响。

性情凶猛的海洋生物 | 127

[灰鲭鲨]

灰鲭鲨
速/度/最/快/的/吃/人/鲨/鱼

> 灰鲭鲨是世界上最具攻击性的鲨鱼之一,同时也是所有鲨鱼中游动速度最快的,时速可达56千米,它不仅攻击海洋中的猎物,对人类也是毫不手软。

灰鲭鲨属暖水性上层游泳种类,生活在水下150米附近,广泛分布于热带和温带海洋,在我国南海和东海也有。

体型特征

灰鲭鲨的身体呈纺锤形,躯干粗大,至尾部逐渐细小,体长最大可达4米,体重最重达570千克。它有着独特的月牙形尾鳍,长长的锥形鼻,大大的黑眼睛,口里布满剃刀般锋利的牙齿。年轻时的灰鲭鲨上身为明亮的金属蓝色,腹部为白色,随着年龄的增长,白色的部分会慢慢变暗。

> 灰鲭鲨具有强大的力量和攻击性，对人类有危险性，常向捕鱼的人类发起攻击。

游得快

灰鲭鲨能以时速 56 千米的速度在海洋里畅游，在追击猎物时，有些个体能以时速 96 千米的速度发起爆发式冲刺。

凭借这项技能，灰鲭鲨能够追上那些其他捕食者追不上的鱼类，比如金枪鱼和旗鱼，并且乐于此道，这也导致每一条灰鲭鲨身上都有冲击旗鱼群时，被旗鱼坚硬的背鳍等划出的创伤。

跳得高

灰鲭鲨除了游泳速度惊人，其跳跃能力也不容小觑，它们能跳出海面 6 米。经常有新闻报道，钓鱼客被突然跳出海面的灰鲭鲨吓到。试想，在专心钓鱼时，突然出现这么个不速之客，并且对你还不怀好意，这简直能让人瞬间吓破胆。

不仅吃鲨鱼，还吃手足

灰鲭鲨不仅喜欢吃旗鱼等猎物，有时也会攻击其他鲨鱼，这种残暴的性格从它们刚刚发育时就已经形成了。

灰鲭鲨为卵胎生，也就是说，会在雌鲨的子宫中发育成鱼，再生出来。

据称发育良好的灰鲭鲨幼仔会吃掉鲨鱼妈妈子宫中发育不好的手足同胞。

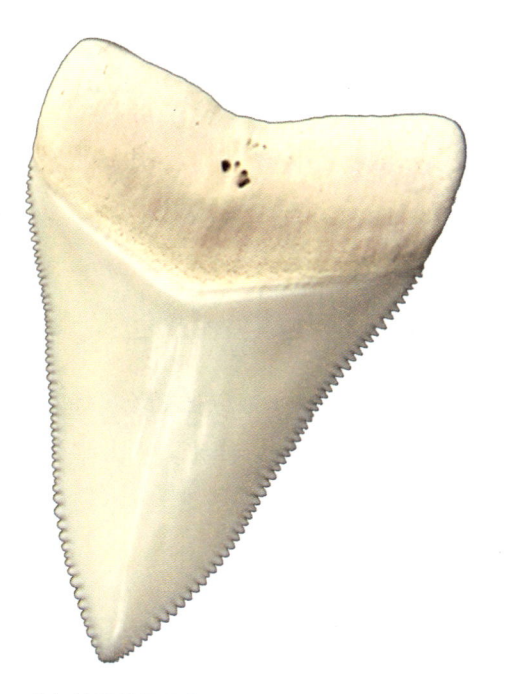

[灰鲭鲨的牙齿]

灰鲭鲨常夺去人们的性命，所以有民众看到灰鲭鲨的尸骸后，非常兴奋，拔去它尖利的牙齿作纪念。

[邮票上的灰鲭鲨]

动物凶猛

性情凶猛的海洋生物 | 129

太平洋巨型章鱼

满/身/奇/技

太平洋巨型章鱼具有极强的攻击性，它们分布在北太平洋海岸，在较浅或较深水的地方都能适应。

章鱼是一种海洋软体动物，通常大小在 40～50 厘米。而太平洋巨型章鱼一般周长能达到 5～6 米，重 50 千克。

鱼的纪录属于一只周长达到 9.1 米，体重为 272 千克的太平洋巨型章鱼，只可惜这只巨型章鱼已经离开了人世，被人们做成了标本，放在展览馆里供人观赏。

体型最大的章鱼

太平洋巨型章鱼是目前发现的最大的章鱼，根据记载，目前体型最大的章

良好的隐蔽能力

太平洋巨型章鱼的体型很大，章鱼头又大又圆，它们可以通过特有的色素

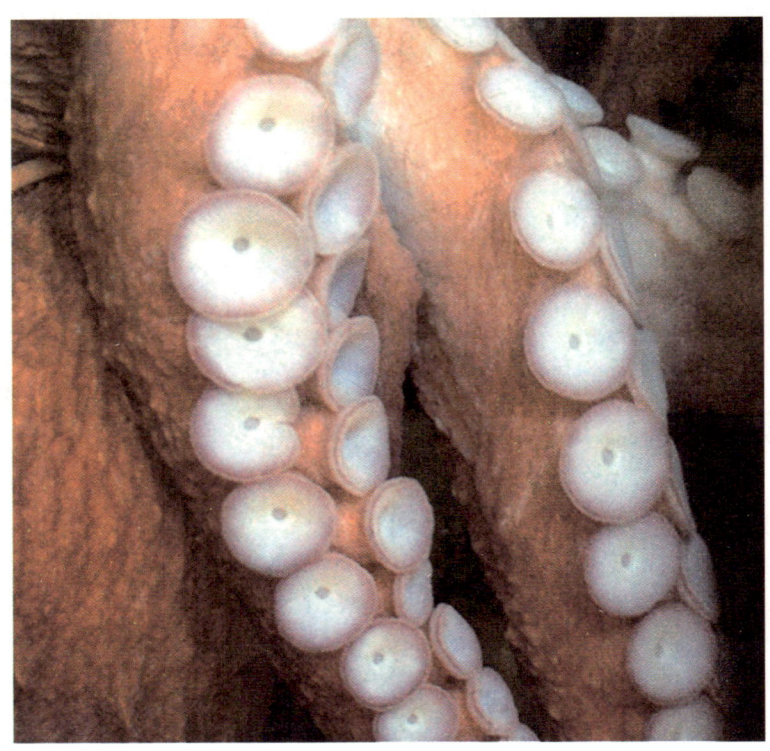

[太平洋巨型章鱼触手上的吸盘]

太平洋巨型章鱼非常依赖这些高度发达的感觉器官，这相当于它的化学感受器，可以敏感地得知外界的变化。

世界闻名的 80 海洋生物

130　性情凶猛的海洋生物

[《加勒比海盗2：聚魂棺》- 剧照]

在风靡全球的电影《加勒比海盗2：聚魂棺》中，北海巨妖是"飞翔荷兰人"号船长戴维·琼斯控制的大海怪，有着令人恐怖的庞大身躯，无数触须，可以轻易摧毁一艘巨大船只。这只大海怪其实就是太平洋巨型章鱼。

细胞改变周身颜色，甚至能够模仿图案、珊瑚、植物、岩石，以达到与环境巧妙融合的目的。

精确的猎物定位能力

太平洋巨型章鱼通常在夜晚捕食，喜食虾、蛤蜊、龙虾和鱼，甚至会攻击鲨鱼和鸟类。它们的捕食依赖身体高度发达的感官，因为在其长长的触手上覆盖了多达300个吸盘，每个吸盘内部包含数千个化学感受器，通过它们能精准地定位猎物的方位，然后突然扑向猎物，不给对方留任何逃脱的机会。

正所谓"艺高人胆大"，太平洋巨型章鱼绝对是捕猎高手。它们通过很好的隐蔽能力，配合精确的定位，甚至会攻击和吞食鲨鱼，还有鸟类。

超高的智商与模仿能力

智商用到一只章鱼身上，是不是感觉很不合适？

[太平洋巨型章鱼邮票]

可事实证明，在对太平洋巨型章鱼的智商实验中，它们能学会开罐头，模仿其他的章鱼，甚至可以顺利通过迷宫。

寿命短暂

无论是雌、雄太平洋巨型章鱼，都会在产卵后不久死去。雌章鱼甚至在长达几个月的时间里不进食，专心照顾她们的卵，而且通常不久后就会死去，它们的寿命约为4年。

这种聪明的生物没有天敌，如果寿命再长一些，或许能够统治海洋。

性情凶猛的海洋生物

大白鲨

海/洋/霸/主

大白鲨又称噬人鲨,是最大的食肉鱼类。它们处于海洋食物链顶端,在海洋生态中有着重要的作用,是名副其实的海洋霸主。

[大白鲨]

大白鲨又称噬人鲨,体长约6米,最长可达10米,平均体重为2吨,最重为3.2吨,大尾巴呈新月形,牙齿大而且有锯齿缘,呈三角形,牙齿长达10厘米,是一种大型进攻性鲨鱼,主要分布在各大洋热带及温带区,一般生活在开放洋区,也时常会进入内陆水域。

海洋霸主并非浪得虚名

大白鲨喜食鱼类、海龟、海鸟、海狮、与它相似体重的海象海豹,甚至濒死的巨大须鲸,偶尔也会吃海豚、鲸尸体甚至其他鲨鱼等,是食物链上的终极掠食者。

要想生活在食物链的顶端并不容易。从身体硬件上看，大白鲨拥有极其灵敏的嗅觉和触觉，它可以嗅到 1 千米外被稀释成原来的 1/500 浓度的血液气味，然后以每小时 70 千米的速度冲向猎物。

若猎物就在身边，它还能觉察到生物肌肉收缩时产生的微小电流，以此判断猎物的体型和运动情况。

潜伏着靠近目标

为了保证每一次的捕猎都能一击必中，大白鲨会采取一些策略。它们首先会在水底埋伏，由于大白鲨的背部呈深色，海豹等在水面难以察觉大白鲨的存在。当大白鲨确认猎物后，会从水下慢慢靠近猎物，然后从下至上向猎物攻击。一般情况下，第一击就会令猎物重伤，这时大白鲨会停止任何攻击，直至猎物失血过多死亡后，再以温和的方式享用猎物。如果第一击未能使猎物重伤，猎物高速逃离时，大白鲨甚至会跃出水面再次攻击猎物。

恶名昭彰的攻击性

大白鲨拥有比其他鲨鱼更强的攻击性，在未受到刺激或者威胁的情况下，它们会对游泳、潜水、冲浪的人，甚至小型船只进行致命的攻击。

有时，大白鲨发现一些不熟悉、不认识的目标，就张口向其咬去，被它吞下的有肉、骨头、木块，甚至水罐、玻璃瓶等，它们的胃内有一层坚韧的壁，

[大白鲨]

[鲨鱼牙齿的邮票]

> 据统计，每年数以亿计的在大海里游泳的人中，只有五百万分之一遭到大白鲨的袭击，而其中的 80% 只是受了点伤而已。

性情凶猛的海洋生物 | 133

[大白鲨邮票]

❋ 有人认为，大白鲨向人进攻，可能是向闯进它们领地的人发出的警告。

❋ 人们发现，像凶神恶煞一般的大白鲨，竟然怕橙黄色。只要放一块橙黄色木板在大白鲨旁边，它就会马上走开。

❋ 生活在水中的鱼类的体温通常和周围水温一样，但大白鲨的体温要比周围水温高得多，最多时高出15℃，高体温可以帮助它们游得快，而且有助于消化。

❋ 大白鲨的皮肤同样极具有杀伤力，"鲨鱼皮"不光滑，虽然没有鱼鳞，但是长满了小小的倒刺，比砂纸还要粗糙，猎物哪怕只是被它撞一下也会鲜血淋漓。

❋ 目前世界上咬合力最大的动物是生长于东南亚和澳洲的一种湾鳄，它的咬合力为1 890千克，接近2吨的咬合力，足以傲视陆地和海洋中的一切生物。

这样吞入的东西不会弄伤它们。

可怕的武器

在大白鲨的血盆大口中，上颚排列着26枚尖牙利齿，牙齿背面有倒钩，猎物被咬住就很难再挣脱。在其后还有5～6排"仰卧"着备用的牙齿，好像屋顶上的瓦片一样彼此覆盖着，一旦大白鲨嘴里前面的任何一枚牙齿脱落，后面的备用牙齿就会移到前面补充进来。在任何时候，大白鲨的牙齿都有大约1/3处于更换过程之中。大白鲨一生中将丢失并更换成千上万枚牙齿。

大白鲨的咬合力

大白鲨是海洋中的超级杀手，咬合力接近于人类的300倍，接近1.8吨，人类被它咬上一口，几乎可以一击致命。

有些商轮在航海日记上曾记载过轮船推进器被鲨鱼咬弯、船体被鲨鱼咬个破洞的事故，也就不是什么奇怪的事了。

没有天敌却无法大量存在

大白鲨处于海洋食物链的最顶端，极少有其他生物能够对其造成威胁，除了人类以外，能够捕杀大白鲨的生物仅虎鲸（又叫逆戟鲸）一种，按理说大白鲨应该是数量众多的族群，但事实并非如此。

生活在海边的人都把鲨鱼视为最具性价比的蛋白质来源。鲨鱼产品非常多，像鲨鱼翅、鱼肉、鱼肝和其他部分被卖出作为食品和健身美容品等，由于大白鲨的生育速度缓慢，种群数量日益稀少，根据研究人员的推算，全球大白鲨的数目不足3 000条，这比野生老虎的数量还要少。

狮鬃水母

凶/狠/的/杀/人/网

狮鬃水母是世界上体型最大的水母之一,是一种能致人死亡的生物,主要栖息于较冷的海域,包括北极、北大西洋、北太平洋等海域,极少生长在低于北纬42°的地区。

狮鬃水母因口周围橙黄色的触手像狮子的鬃毛般飘逸而得名。它们的颜色多变,随年龄变化,由红变粉,还会在水中发光。在海中游动时会变成光彩夺目的彩球,吸引很多猎物自投罗网。以浮游动物、小型鱼类和其他水母为食。

水母中的巨无霸

狮鬃水母是世界上体型最大的水母之一,其伞形躯体可达 2 米,重量可达 200～400 千克,触手通常有 8 组,最多有 150 条,有的触手长度甚至超过 35 米,用来捕捉食物和防御敌害。

凶狠的杀人网

很多水母都有毒,狮鬃水母按毒性强弱只能排个前十,但是由于其超长且众多的触手,仿佛在海洋中编织了一张大毒网。

狮鬃水母像其他水母一样,其触须上有毒针,里面有装毒液的囊。在进攻敌人时,首先用其超长的触手将敌人缠住,然后再用毒针将其皮肤刺破,使猎物迅速麻痹死亡。在这样的进攻方式之下,对手一般很难逃脱。

不过,幸好这种水母生活在人类不经常活动的区域,否则,它的致死率应该能跟牛鲨这样的凶物一争高下。

[狮鬃水母]

❋ 狮鬃水母的天敌是蠵龟,因为它们厚厚的龟壳使狮鬃水母触手上的刺细胞无法奈何它们,蠵龟却能轻易地用嘴撕断狮鬃水母的触手,使它们失去抵抗力,成为自己的美食。

❋ 狮鬃水母有超乎寻常的愈合能力,即使被敌人攻击得体无完肤,也能在短时间内迅速恢复,有些伤害甚至还会促进它们的新陈代谢,改善它们老化的组织和系统。

性情凶猛的海洋生物 | 135

螳螂虾

最/凶/残/的/虾/类

螳螂虾的视力良好,性能凶猛,可以轻松地猎食栖息于海底不善于游泳的生物,如各种贝类、螃蟹、海胆等。它们能够轻易破坏猎物的外层硬壳,享用里面的肉。

在国内,螳螂虾被叫作皮皮虾,是一种可以食用的生物,正是由于它的美味,人们忽略了它的凶残性。

超强的视觉

螳螂虾拥有普通生物无法企及的视觉。这种特殊视觉的关键之处是螳螂虾由6排小眼组成的复眼,这种结构不仅能看见偏振光,而且还能将其转换成可观测的光线。

像出拳般的出击速度

螳螂虾前方有两个捕食附肢,这对附肢出击时的爆发力,可达到点22口径步枪子弹的射出速度!并且能在不到1/3000秒的时间内击杀猎物,如果人类以这个速度的1/10丢棒球,能把棒球丢出地球之外。

螳螂虾是世界上攻击速度第二快的生物,仅次于兵蚁的大颚,它们的爪子挥得太快了,快到可以在水中创造一个类似龟派气功的冲击波,就算螳螂虾的攻击没有直接命中目标,但只要被冲击波挂到,目标就会受伤。螳螂虾凭着这般身手,成了海底的"杀戮机器"。

Chapter 7 命运无常
——生命无常的海洋生物

灯塔水母

永/生/不/死

世间生物无一能逃出生、老、病、死这个过程，但是海洋中却有这样一种生物，它能利用与生俱来的特性"逆转时光"，获得近乎无限的寿命，它就是灯塔水母。

灯塔水母是水母的一种，属于水螅虫纲，是一种很小的水母，常常被人忽视，它们的直径仅4～5毫米。

特殊十字形胃部

灯塔水母透明身躯内部的红色物质是它们的胃部，和身体相比，它们的胃非常巨大，胃的横断面为特殊的十字形。

灯塔水母广泛分布在热带海域，它们是肉食主义者，主要食物有浮游生物、甲壳类动物、多毛类动物和小型鱼类等。

扩散到了世界各地海域

原本灯塔水母主要分布在加勒比地区，因为它们身体微小，常常会被连同海水一起注入远洋船只的压舱水箱里，随着这些航船航行千万里，最终扩散到了世界各地海域。

长生不老的水母

科学家发现，在20℃的水温中，灯塔水母从幼虫到性成熟需要25～30天，然后其性成熟的（能够进行有性生殖）个

[灯塔水母]

> 从古至今，人类一直在孜孜不倦地追求长生不老，却从来没有人成功过。然而有日本科学家宣布，一种叫作灯塔水母的微小生物或许能给人们带来长生不老的曙光。

> 水螅虫纲的动物大都有世代交替现象，少数种类只有水螅型时期或水母型时期。

体能够重新回到幼虫期（水螅虫）。普通的水母在有性生殖之后就会死亡，但是灯塔水母却能够再次回到幼虫期。这现象被科学家称作分化转移。

这也就意味着，灯塔水母在生育完后代之后，又会再一次轮回到幼儿期。

也就是说它们在死前回到了生命的开端，重新演绎了自己的生长、发育。理论上这个过程没有次数限制，可以通过不断重复获得无限的寿命，所以它们也被人称为"长生不老的水母"。更准确地说，它们这种现象应该是"返老还童"。除非被其他生物吃掉，否则它们是"永生"的。据说它们的寿命可追溯到地质时期，比人类的历史长得多。

再生能力强

灯塔水母属于水螅虫纲，它们也和大多数水螅虫一样有再生能力。如果把一个灯塔水母切成两段，这两段会在24小时内自愈，并且能在72小时后，两段切开的水母分别长出触角。

理论上，哪怕是把它们放入破壁机中打碎，只要它们的细胞完整，就可以重新开始生命，并且是每一个细胞都可以长出新的生命。

灯塔水母无法统治海洋

灯塔水母可以返老还童，而且它还是无性繁殖的。也就是说，只要到了时间，灯塔水母可以自行繁殖，如果再加上它不死的身体，那岂不是很快就能统治海洋？

实际上灯塔水母并非不老不死，只是部分返老还童，灯塔水母只把自己身体的细胞向年轻化逆转，当灯塔水母变回幼虫的时候，事实上本体就已经死亡，所以也就无需担心灯塔水母会统治海洋了。

[美国狐尾松——普罗米修斯]
地球上年龄最老的树是一棵绰号"普罗米修斯"的美国狐尾松，它在1964年倒下前，估计已有5 000岁。在西伯利亚、加拿大冻土带和南极生存着一些年龄大约有50万岁的细菌，可是这些远远比不上灯塔水母的年龄。

生命无常的海洋生物 | 139

南极洲海绵

极/寒/之/地/的/长/寿/者

海绵在全世界的海底中都有存在，而在低温、低氧和低营养的南极海底养育了世界上最长寿的生物之一——南极洲海绵。

[南极洲海绵]

海绵是对一类多孔滤食性生物体的统称，是一种起源于5亿年前寒武纪时的生物。从淡水到海洋，从潮间带到深海，都能够看到它们的身影。不仅如此，它们颜色丰富、形状各异，可谓是最为丰富的生物科属。

海绵是动物

海绵是世界上结构最简单、最原始的多细胞动物，没有头，也没有尾、躯干和四肢，更没有神经和器官。海绵细胞的主要成分是碳酸钙或碳酸硅以及大量的胶原质。

无需主动出击就能吃饱肚子

在海绵体壁外壁细胞内长出一根根鞭毛，能在水中不停地急速摆动。由于鞭毛不断地摆动，激起了水流，使外界的水源源不断地经过体壁上的小孔进入内腔，然后从内腔经出口流回外界。就这样，海绵通过循环不息的水流，获取食物和氧气，并且把无法消化的食物残渣和排泄物送出，所以，海绵虽然没有胃、没有肠，食物就在细胞内消化，这种消化方式与变形虫、草履虫等单细胞动物是一样的。

南极的长寿冠军

南极的海洋所呈现出的低温、低氧的环境，让生存在这里的生物总有些特殊的"技能"。而生存在南极冰冷海底的"南极洲海绵"，目前推测最长寿的已经达到1 550岁，到底它们是如何做到的，目前不得而知，是不是像冰箱原理一样，越是低温下的环境保鲜效果越好呢？

> ❀ 海绵动物除了个别的科没有骨骼之外，其他所有的种类都是具有骨骼的，骨骼是海绵动物的一个典型特征，是用以分类的重要依据之一。海绵动物的骨骼有骨针及海绵丝两种类型，它们或散布在中胶层内，或突出到体表，或构成网架状。

> ❀ 体型最大的海绵动物是1909年曾在巴哈马群岛捕获的一只，围长为183厘米，刚出水重40千克，晒干后的重量为5千克。

管状蠕虫

华/美/的/生/物

管状蠕虫就像它的名字一样,上端顶着一片红色的肉头,下端是一根直直的白色管子,这样的外形很像白茎红花的巨型花朵,管状蠕虫因此而得名。

管状蠕虫又名管蠕虫、管栖蠕虫,身体能长到 1～2 米,它们会一簇簇生长,一根根白色管子上端是嵌入红色的肉头,看起来像一朵朵白茎红花的巨型花朵。

温差上下接近 20℃

管状蠕虫一般生活在海底热液喷口附近,它们将身体白色的管状部分固定在热液附近以获取硫化物,而将红色的肉头漂浮在海水中,以获得充分的氧气。通过体内的共生菌将两者合成为生存所必需的有机物。

管状蠕虫底部处于热液附近,温度在 20℃左右,而上部红色的肉头在只有 2℃的海水中,身体跨越近 20℃的温度梯度,这在其他生物中是极为罕见的。

鲜红的血液

管状蠕虫因为特殊的身体机能,需要从海水中获得氧气,同时也需要获得必需的有机物,但是管状蠕虫生活的海底热液区环境,充满着有毒的氢气和硫化氢,对于普通生物来说,稍微摄入一点硫化物,就会因无法呼吸而立刻中毒死亡。不过,管状蠕虫的血液中,含有一种特殊的血红蛋白,这种血红蛋白能与硫化氢结合,避免中毒。

这些血红蛋白也正是管状蠕虫的肉头部分美丽鲜红的主要原因。

管状蠕虫生活在海底,并且在热液喷口附近,那里没人打扰,很少有天敌威胁,所以它们的生命普遍超过 250 岁,稍大些的管状蠕虫可能会超过 300 岁,是世界上最长寿的生物之一。

[管状蠕虫]

> 管状蠕虫有性别,有心脏,但没有嘴和消化系统,在管状蠕虫的体内聚集着数以亿万计的共生菌,正是在这些细菌的供养下,管状蠕虫才得以生存。

命运无常

生命无常的海洋生物

海洋圆蛤

年/轮/生/物

圆蛤是一种无脊椎动物，分布非常广泛，无论是在海洋还是河流，不管是在潮间还是海底，都有它们的踪影。如果没有遭遇捕捞，它能活多久？这个答案，绝对能让人惊掉下巴。

蛤 是指具有两片相等的壳的双壳类动物。在我国分布非常广泛，是一种可以食用的无脊椎动物。

蛤在我国还是一种具有很高食疗药用价值的食材，《本草纲目》中记载，它能治"疮、疖肿毒，消积块，解酒毒"等病。近代研究也表明，文蛤有清热利湿、化痰、散结的功效，对肝癌有明显的抑制作用，对哮喘、慢性气管炎、甲状腺肿大、淋巴结核等病也有明显疗效。

蛤的外壳隐藏海洋历史

蛤类在海洋中有重要的作用。它的壳上的纹理，记录着海洋气候的变迁，比如在 1800 年前，海洋中还没有受到工

[乾隆画像]

相传两三千年前，人们就开始取食文蛤。清乾隆皇帝下江南时在苏州吃到文蛤，御封它为"天下第一鲜"。

[圆蛤美食]

蛤的营养比较全面，它含有蛋白质、脂肪、碳水化合物、铁、钙、磷、碘、维生素、氨基酸和牛磺酸等多种成分，低热能、高蛋白、少脂肪，能防治中老年人慢性病，实属物美价廉的海产品。

❋ ["明"蛤]

业革命的影响,之后由于大气中二氧化碳和甲烷等温室气体的增多,大气对海洋的影响开始逐渐显现。这种变化和过去1000多年相比是前所未有的。科学家们可以根据蛤的壳上的纹理分析出不同年代的气候和历史变化。

长寿圆蛤——明蛤

圆蛤的分布非常广泛,生活在沿北美和欧洲等国家海岸的北大西洋的蛤称为圆蛤,同我国的蛤一样,也是一种可食用的贝类。

圆哈的寿命都比较长,一般可以活到200多岁,其中最长寿的要数生长在冰岛海底的圆蛤类"明",因为这类蛤它们从明朝活到现在,故因此得名"明"。

"明"蛤一般长8.6厘米左右,壳白色,无光泽,厚实,圆形。它们只有在夏季海水温度较暖并且食物充足的情况下,才会长出厚度约为0.1毫米的一条纹理。科学家就是通过这些纹理计算出它们的年龄。

英国科学家研究发现,"明"是世界上最长寿的动物之一。它们生长在冰岛海底,科学家根据"明"贝壳上的纹理计算出,它们现在的年龄已达到405岁了,并且还将继续活下去。

"明"的长寿秘诀已经超出了科学家们所有的认知,所以这一直是一个科学上无法解释的迷。

❋ 英国《星期日泰晤士报》报道:英国班戈大学海洋科学学院的科学家在大西洋北部的冰岛海底捕捞了3 000多个空贝壳和34个存活的"明",再次证明了"明"的长寿。

❋ 在"明"成长初期,英国正处于伊丽莎白一世统治下,而文学大师莎士比亚正在写作他的《温莎的风流娘们》。

命运无常

生命无常的海洋生物 | 143

北极露脊鲸

寿/命/最/长/的/哺/乳/动/物

北极露脊鲸的寿命可达到200岁,是世界上最稀有的鲸,全世界不到6 000头,濒临灭绝,属于严禁捕杀对象。

当北极露脊鲸浮到海面上时,它的背脊几乎有一半露在水面上,而且背脊宽宽的,它的名字便由此而来。此外,北极露脊鲸还有一个独特的标志——喷射出的水柱是双股的,而其他鲸类都呈单股。

北极露脊鲸是露脊鲸四大家族中最大的种群,它们生活在北冰洋和白令海、鄂霍次克海中,但冬季也可能会在往南一些的海域出现。

[北极露脊鲸]

北极露脊鲸又叫"弓头鲸",主要生活在北冰洋及临近海域中,因此也被称为"北极鲸"。因为它们喜欢慢悠悠地将大部分背脊露出来,因此而得名。

老鲸可达21米

北极露脊鲸又叫弓头鲸,首先它是个大头娃娃,头占身体的1/4以上,另外还有细长的胡须,好似龙王爷的胡子。从远处看，它的身体呈纺锤形，体型肥胖无背鳍，找不到脖子，鳍肢呈桨状或匙形，尾鳍宽约 8 米。成体平均长 15～18 米，老鲸可达 21 米。

队形整齐的捕食方式

北极露脊鲸会三三两两的集体捕食，最多可达十多条，自动集结成一个梯队，一个接一个地排着队，有点像大雁飞翔时的队形，并从侧面偏出半个至三个体长的距离。张着大嘴，下颚以不同角度下垂，有时与上颚之间形成 60 度的角度。大量的海水会将虾群和鱼群灌入北极露脊鲸大大张开的嘴里。在此期间如果有吃饱的队友离开，会有其他的北极露脊鲸自动补上这个位置，就这样轮流替补着，这样的队形会一直保留好几天，才慢慢散去。结队捕食可使北极露脊鲸捕食到其他方法不能捕食到的食物。当然有时也有一些单独进食的北极露脊鲸，

※ 鲸是一个古老而庞大的家族，北极露脊鲸是鲸家族中数量最稀少的种群之一，全世界仅有不到 6 000 头，属于严禁捕杀对象。

※ 露脊鲸共分 4 种：北方露脊鲸、南方露脊鲸、水露脊鲸和北极露脊鲸，其中北极露脊鲸是最大的种类。

但是只要两头以上在一起进食，它们就会自动编队。

用歌声打动对方

大多数鲸求爱时会从嗓子里发出一种声音来吸引对方。不过科学家发现，北极露脊鲸虽然也不例外，每当求偶时它的嗓子中也会发出声音，但是它的不同之处是有时可以用多种嗓音来唱，并且能将两种完全不同的声音混在一起。更值得惊奇的是，这种鲸并不会延续一样的歌曲，它们能够不断改进歌曲，创造出更为复杂的曲子，越嘚瑟越能吸引异性。

※ [露脊鲸喷水]
不管是影视还是书籍等作品中，都会将鲸喷水作为特征出现在较为明显的位置，可是事实上，鲸喷出来的不是海水，而是气体。
因为鲸是哺乳类动物，和人一样是必须呼吸的，所以每当鲸浮出海面只是为了要呼吸，也就是说所有的鲸都会喷水！而所喷出来的是体内的废气，而体内的废气排出后，接触到外面的冷空气，就变成白雾状，这和寒冬中人们口中会吐出白气是一样的道理。

命运无常

生命无常的海洋生物 | 145

一个来自19世纪3.5英寸老式鱼叉的尖头

尽管专家估计北极露脊鲸的年龄能达到200岁左右,但是通常能找到超过100岁的北极露脊鲸已经非常难得。不过在2007年5月,在美国阿拉斯加海岸捕杀了一头身长约15米,体重约50吨的雄性北极露脊鲸,在其骨头里发现了一个来自19世纪的3.5英寸老式鱼叉的尖头。而这种鱼叉在1895年后已不再使用,这可以证明早在一个多世纪以前,这头北极露脊鲸就曾经躲过类似的捕杀。后来专家根据这个箭头并结合相关数据得出结论:这头鲸的年龄应该在115～130岁之间。这也是迄今为止人们对鲸年龄"最精确的测算"。

[邮票上的北极露脊鲸]

※ 众所周知,捕鲸是因纽特人的文化核心,因纽特人的历史是跟捕鲸分不开的,正是因为捕鲸,他们才得以在寒冷的环境中生存下来,因纽特人的捕鲸,主要是指猎杀北极露脊鲸。

[纪念币上的北极露脊鲸]

面临灭绝的原因

造成北极露脊鲸越来越少的原因大致有以下几种:

首先,雌鲸在6～12岁才性成熟,而且3～5年只生产一次。生殖和产子均会在冬季时进行。怀孕期约1年,这对北极露脊鲸繁衍下一代都是很严峻的考验。

其次,北极露脊鲸游泳速度很慢,最快时也只有时速5海里,很容易被猎物追杀。

最后,北极露脊鲸的最大的敌人是虎鲸和人类。当有危险时,一群北极露脊鲸会围成一圈,尾巴朝外,以威慑住敌人。但是这种防御并不是常常成功,偶尔幼鲸会与母鲸分离并被杀。

水熊

起/死/回/生

身体的能量是需要靠摄取食物来获得的，这是一项基本的常识，但有一种生物打破了这样的常识，它们能不吃不喝地活30年，甚至将其干透了放置10年之后，再次放入水中，它们依旧能活，它们就是水熊。

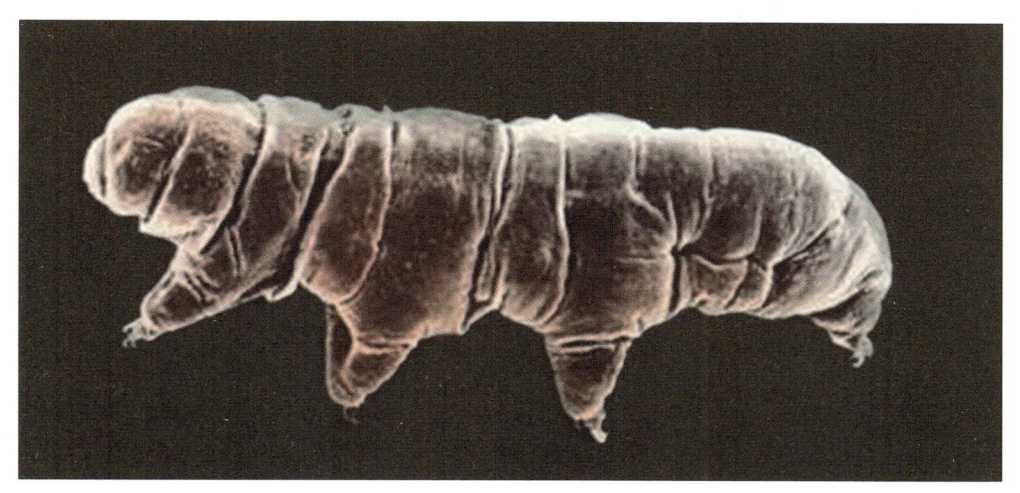

[水熊]

一、听说熊，大家都觉得应该是那种笨拙而又粗壮的家伙，实际上水熊并不是熊而是一只虫子。它们的体型极小，种类繁多，有记录的有900多种，广泛地分布于世界范围内。

身体结构

水熊也称水熊虫，因为体型太小，所以必须用显微镜才能看清它们。它们最小的只有50微米，最大的也就1.4毫米，身体由头部和四个体节构成，被角质层覆盖，长长的细胞组成的肌肉填满各个体节。它们的口部有两个向前突出物，一个用于刺进食物，一个用于吸收液体。每个体节两条腿，共有8条腿。根据种类的不同，腿的末端长有爪子、吸盘或脚趾。

> 据美国《国家地理》杂志报道，在6 600万年前，一颗小行星撞击地球，导致了75%的物种遭到灭绝。但是水熊却在火山口和海底活了下来。所以只要有水，有海洋存在，水熊便不会灭绝。

命运无常

生命无常的海洋生物 | 147

[水熊造型的毛绒玩具]

[水熊邮票]

Water bears 的真实含义

水熊的英文名为 Water bears，照词直译即为"水熊虫"。如果分析 bears 的英语词性，当它作及物动词时，还有着"忍受、承受、支撑"的含义。

这点真实地反映了这种虫子顽强的忍耐力和彪悍的生命力，它们能在不吃不喝的情况下生存 30 年之久。

外挂般可切换的生存状态

水熊的绝招是所谓的"隐生"，即把生命代谢放慢到几乎停止的程度，是一种类似假死的状态。

在隐生状态下，水熊可以在 151℃的高温、−272.8℃的低温（接近绝对零度）、真空、高度辐射及高压的环境下继续生存。当隐生的水熊再次接触到水时，它们便如凤凰涅槃般舒展身体，重新"复活"。这个状态被称为"水合"。曾经有一只经过水合后重生的水熊，科学家们利用碳十四测定后发现该水熊隐生了超过 120 年。

彪悍的生命力

水熊的生命力无比顽强，在地球上没有天敌，几乎不可毁灭。大体上来说，只有太阳的死亡才会最终导致地球上的生命灭绝，水熊或许才会死亡，也或许会以另外一种形式又活了过来。

作为世界上生命力最强的生物之一，水熊可以追溯到 5 亿年前的寒武纪，经过漫长的进化，使它们拥有了外挂般的生命力，无论是冰冻、干燥，还是饥饿、缺氧，它们都能突破人类的想象，顽强地生存下去。

格陵兰睡鲨

最/长/寿/的/脊/椎/动/物

格陵兰睡鲨生活在北极及北大西洋从浅水滩到1 300米深的地方，它们的寿命可以达到400岁，是世界上最长寿的脊椎动物之一。

俗话说"千年王八万年龟"，但目前还真没有哪只乌龟能活到千年、万年，能够活两三百岁就算长寿了，但是海洋中有一种鲨鱼，它们的寿命比乌龟的寿命还要长，它就是格陵兰睡鲨。

慢节奏杀手

格陵兰睡鲨以慢著称，它的游速非常慢，一般情况下游速仅为每小时1~3千米，它们的游动速度上限似乎无法超过每小时10千米（比北极熊的速度还慢）。看到这里人们可能就会想到，如此缓慢的动作，格林兰睡鲨怎么捕食呢？

格陵兰睡鲨的主要食物是鱿鱼、甲壳类动物、软体动物以及各种生物的腐肉、内脏，它们还会捕杀海洋哺乳动物，甚至一些灵活的鸟类。人们曾在一角鲸和白鲸身上发现过格陵兰睡鲨的咬痕，甚至在格陵兰睡鲨的腹中还发现过北极熊的残骸。

在海洋中，格陵兰睡鲨以慢节奏的移动方式，悄悄地靠近猎物，因为它们庞大的体型，让其他动物常常以为是一堆漂移杂物，从而放松警惕。当格陵兰睡鲨靠近猎物后，就会猛地朝猎物咬去，猎物常常会因措手不及而被捕获。由此可见，格陵兰睡鲨也不是个简单的家伙，它也因此被称为"海洋中的鳄鱼"。

老不死

世界上大部分的鲨鱼活不过30年，就算是生活在深海中的鲸鲨，最长寿命也就是100年，和人类的寿命差不多。与之相比，格陵兰睡鲨就有点活得太久了，以至于人类需要用专业的仪器和技

[格陵兰睡鲨眼睛上寄生的桡足动物]
格陵兰睡鲨的眼睛上寄生着一种黄白色的生物，它们会吃掉格陵兰睡鲨眼睛的一部分角膜，造成格陵兰睡鲨眼睛局部失明。

命运无常

生命无常的海洋生物 | 149

[格陵兰睡鲨]

术才能计算出它的年龄,生物学家通过专业的放射性碳定年法分析格陵兰睡鲨的眼角膜,再结合其身体的长度,发现这种鲨鱼居然可以活到400岁高龄,最长寿的可以活到500多岁。格陵兰睡鲨在鲨鱼王国中可称得上是真正的"老不死"。

不活动、不折腾是长寿的秘密

人们感觉奇怪的是,在这么漫长的生命中,格陵兰睡鲨是怎么逃过猎捕的呢?

估计有这么几个原因:首先在酷寒环境下,这么大体型的鲨鱼,天敌比较少。其次格陵兰睡鲨的肉质有毒,所以天敌以及人类也就懒得去捕杀。最后可能是因为它们睡睡停停,不活动、不折腾,不容易被天敌发现,因而能保存能量活下去。

格陵兰睡鲨已经渐渐稀少

虽然格陵兰睡鲨的肉质有毒,减少了它被捕杀的危险,但是从19世纪开始,人们发现其肝脏和其他鱼类一样,也能提取鱼肝油,于是对格陵兰睡鲨的捕捞也开始大肆盛行,加上它们生长得缓慢,现如今格陵兰睡鲨的存活量已经越来越少。

❈ 格陵兰睡鲨虽然行动缓慢,但是生性凶猛,是比大白鲨还要残暴的鲨鱼,它们能够捕食北极熊。

小虾虎鱼

一/生/只/有/8/周/的/短/命/鬼

小虾虎鱼身材细长，有两条脊鳍，是一种小体型的食肉鱼类。经过生物学家的认证，小虾虎鱼是世界上最短命的脊椎动物，尤其是生活在澳大利亚海域的它们，最长的寿命只有8周。

命运无常

[小虾虎鱼]

小 虾虎鱼是一类小体型的食肉鱼类，它们身体细长，有两条脊鳍。它们是世界上最小的脊椎动物，也是最短命的脊椎动物。

体型虽小，咬人绝不犯怂的鱼

小虾虎鱼主要生活在海水里，部分淡水中也有。在海洋中，咬人的鱼类不在少数，但小虾虎鱼绝对算是其中最小

❋ 在热带海域，小虾虎鱼会和枪虾"同居"，形成共生关系。

个的了。小虾虎鱼体长大多只有11～20毫米，体侧有两个鱼鳍，就像翅膀一样，让人绝对过目难忘。

短暂的一辈子

小虾虎鱼大约有800多种，而生活

生命无常的海洋生物 | 151

在澳大利亚大堡礁的小虾虎鱼是世界上最为短命的脊椎动物。它的一生只有短短59天。它们会用短短不到两个月的时间，完成了其他脊椎动物十几年甚至几十年才能完成的事情。

小虾虎鱼的生殖周期只有25天，雌虾虎鱼会产下三堆卵，大约136个，由于时间宝贵，小虾虎鱼会瞬间孵化，然后快快长大，只需要3周左右，小虾虎鱼就会成年。

而产下卵的雌虾虎鱼则会悄悄死亡，完成生命的整个过程。

攀岩高手

夏威夷岛是一个完全天然的好地方，但是却没有多少鱼类，其原因是这里地势陡峭，水流湍急，没有鱼能爬上这个地方，但这些困难却难不倒小虾虎鱼。

小虾虎鱼是个攀岩高手，它们的腹鳍呈盘状，像个吸盘，它们只需爬过一层薄的水墙，然后逆着水流迎着瀑布向上爬行。它们要躲过滴下的水滴，留下自己的气味，以便同类可以迅速地跟上攀岩队伍。

经过不懈的努力，胜利者终于来到了世外桃源，产下后代，然后瀑布的水流会将它们冲走，另一个洄流的轮回又将开始。

❋ [小虾虎鱼邮票]

虾虎鱼的特点是身体细长，体型小，大多数短于10厘米。有两条脊鳍，第一条有几根细微的脊骨，头部和两侧有一系列小的感觉器官，尾巴呈圆形，身上都有明亮的色彩。有些种类（如欧洲的水晶虾虎鱼）呈现透明的色彩。

❋ [红烧虾虎鱼]